Sittauer · Otto/Diesel

Abb. 1. Nicolaus August Otto (um 1880)

Abb. 2. Rudolf Diesel (1913)

Biographien
hervorragender Naturwissenschaftler,
Techniker und Mediziner Band 32

Nicolaus August Otto
Rudolf Diesel

Stud.-Dir., Obering. Hans L. Sittauer
Altenburg

4. Auflage

Mit 12 Abbildungen

Springer Fachmedien Wiesbaden GmbH

Herausgegeben von
D. Goetz (Potsdam), I. Jahn (Berlin), H. Remane (Halle),
E. Wächtler (Freiberg), H. Wußing (Leipzig)
Verantwortlicher Herausgeber: E. Wächtler

Sittauer, Hans L.:
Nicolaus August Otto – Rudolf Diesel / Hans L. Sittauer. –
4. Aufl. – Leipzig: BSB Teubner, 1990. – 128 S. : 12 Abb.
(Biographien hervorragender Naturwissenschaftler,
Techniker und Mediziner; 32)
NE: GT

ISBN 978-3-322-00762-9 ISBN 978-3-322-86908-1 (eBook)
DOI 10.1007/978-3-322-86908-1

ISSN 0232-3516

Ursprünglich erschienen bei BSB B.G Teubner Verlagsgesellschaft 1978
4. Auflage
VLN 294-375/88/90 · LSV 3008
Lektor: Dr. Hans Dietrich

Satz: IV/2/14 VEB Druckerei »Gottfried Wilhelm Leibniz«, Gräfenhainichen
Photomech. Nachdruck und Einband: Grafische Werke Zwickau III/29/1
Bestell-Nr. 665 883 6

00640

INHALT

VORWORT DES HERAUSGEBERS

Der vorliegende Band ist zwei Persönlichkeiten gewidmet, deren Erfindung uns tagtäglich begegnet. Das Leben der Menschen ist auf keinem Kontinent unserer Erde mehr ohne die Verbrennungsmotoren von *Otto* und *Diesel* vorstellbar.

Zumindest die partielle Beherrschung der von beiden geschaffenen Motoren gehört heute schon zum Wunsch der Kinder im Kindergartenalter. Für einen immer breiteren Kreis von Jugendlichen und Erwachsenen wird das kindliche Sehnen selbstverständlicher Bestandteil der Allgemeinbildung. Der zunehmende Verkehrsstrom und der Andrang bei den Kraftfahrzeugfahrschulen ist mehr als ein Beweis dafür.

Otto und *Diesel* waren Techniker, Maschinenbauer. In hervorragender Weise vereinte sich in ihrem Arbeitsprozeß wissenschaftlich gesicherte Erkenntnis und empirisches Mühen. Dieser Widerspruch bleibt immer kennzeichnend für die Weiterentwicklung der Produktivkräfte; er bleibt trotz gesetzmäßig zunehmender Bedeutung der technischen Wissenschaften als Triebkraft aktuell.

Über einhundert Jahre nach dem Beginn der industriellen Revolution in England erlebten *Otto* und *Diesel* ihre fruchtbarste Schaffensperiode. Sie arbeiteten nicht an der Vervollkommnung der Werkzeugmaschinen, jenem Maschinentyp, der seit dem Ende des 18. Jahrhunderts eine Revolution der Produktivkräfte (eben die industrielle Revolution!) ausgelöst hatte und die große mechanisierte Fabrikindustrie gebar. Ihr historisches Verdienst liegt vielmehr darin, auf dem Gebiet der Kraftmaschinen eine technische Revolution hervorgerufen zu haben, die in ihrer Bedeutung sicher zumindest mit den Leistungen *Newcomens* und *Watts* gleichzusetzen ist.

Als ihnen ihre Erfindung gelang, war der Kapitalismus unumstritten schon zur international bestimmenden, herrschenden und typischen Produktionsweise geworden. Aber es herrschte in den entwickelten kapitalistischen Ländern inzwischen eine Bourgeoisie, die nicht mehr bereit war, das Banner des historischen Fortschritts zu tragen. Die Herrschaft übte vielmehr jene Bourgeoisie aus, die seit dem Ende der zwanziger Jahre des 19. Jahrhunderts in England infolge ihres Profitstrebens die zyklische Wirtschaftskrise als dem Kapitalismus innewohnende Gesetzmäßigkeit hervorrief, die im Juni 1848 in Paris die demokratische Aktion im Blut erstickte und die in Preußen schon im März des gleichen Jahres aus Angst vor dem Volk sich gar mit ihrem von der Geschichte berufenen Feind, dem Adel, gegen Arbeiter, Handwerker und Bauern verbündete.

Noch einiges muß man hinzufügen, wenn man den Kapitalismus charakterisiert, den *Otto* und *Diesel* als gesellschaftliches Sein akzeptieren mußten. Ihre Zeit, das war die des heroischen Kampfes der Pariser Commune ebenso wie die des sich in seinen Anfängen zeigenden Monopolkapitalismus. Der Kapitalismus trat in seine Verfallsperiode ein!

Doch beginnender Verfall bedeutet noch lange nicht Agonie! Gerade seit den 70er Jahren entwickelt der Kapitalismus, oft von Deutschland ausgehend, Fähigkeiten, die Produktivkräfte unter Ausnutzung wissenschaftlicher Erkenntnisse zu fördern, wie nie zuvor. Namen wie *v. Siemens*, *Abbe*, *Zeiß* und andere stehen für viele. Wissenschaftlich-technischer Fortschritt hieß damals: Ausnutzung der schöpferischen Fähigkeiten breiter Kreise der Arbeiter, Ingenieure, Wissenschaftler und Handwerker für die Interessen des Kapitals.

Die Biographien *Ottos* und *Diesels* lassen keinen Zweifel daran aufkommen, daß es im Kapitalismus keinen wissenschaftlich-technischen Fortschritt an sich gibt, sondern nur den dem Kapital genehmen. Diebstahl, Terror, Grausamkeit, seelische Qual, Verleumdung, Betrug und nicht zuletzt das Gesetz stehen dabei immer auf der Seite der Mächtigen. Durch solche Feststellungen wird dieser Fortschritt als gesellschaftliche Leistung nicht geschmälert, jedoch genauer charakterisiert.

Otto und *Diesel* waren nicht die einzigen, die darunter litten. Sie waren zwei von vielen und dennoch zwei der größten Erfinder, die die Menschheit kennt und verehrt.

Dresden, im Mai 1977 *Eberhard Wächtler*

1. ZUR VORGESCHICHTE DES VERBRENNUNGSMOTORS

Der Verbrennungsmotor ist gleich anderen Erfindungen und Entdeckungen nicht das Ergebnis der Arbeit eines einzelnen Erfinders. Die hervorragenden erfinderischen Erfolge *Nicolaus August Ottos* und *Rudolf Diesels* beruhen vielmehr auf der hingebungsvollen Vorarbeit einer Reihe von weniger erfolgreichen Vorgängern, die – da es die Achtung vor ihren Bemühungen gebietet – hier nicht ungenannt bleiben sollen, obgleich vielfach nicht einmal ihre Lebensdaten bekannt sind.

Bemerkenswert ist zweifellos, daß sowohl die Entwicklung der Dampfmaschine als auch die des Verbrennungsmotors von der Entdeckung des Unterdruckes ihren Ausgang nahmen. Als der deutsche Naturforscher *Otto von Guericke* (1602–1686) durch seine um 1650 durchgeführten Versuche bewiesen hatte, daß nach vorher erzeugtem Unterdruck der Druck der atmosphärischen Luft zu mechanischer Kraftäußerung verwendet werden konnte, war damit zugleich der Weg zur Entwicklung der Kraftmaschine gewiesen. Kein Wunder, wenn die Dampfmaschine wie der Verbrennungsmotor eine Anzahl wesentlicher Elemente aufweisen, die bereits bei der von *Guericke* erfundenen Luftpumpe zu finden waren: Zylinder, Kolben, Kolbenstange, Ventile und Dichtungen. Und doch wurde die weitere Entwicklung zunächst durch die Tatsache gehemmt, daß der bisher völlig unbekannte Druck der Atmosphäre erst zur Arbeit herangezogen werden konnte, nachdem man vorher mit Hilfe menschlicher Muskelkraft einen luftverdünnten Raum hergestellt hatte. Bis der französische Arzt *Abbé Jean de Hautefeuille* 1678 auf den Gedanken kam, das gewünschte Vakuum zum Heben von Wasser bei einem geschlossenen und mit Ventilklappen versehenen Gefäß durch Verpuffen von Schießpulver und anschließende Abkühlung der verbliebenen Restgase zu erzeugen.

Zur gleichen Zeit stellte auch der berühmte holländische Naturforscher *Christiaan Huygens* (1629–1695) der französischen Akademie eine Pulvermaschine vor, bei der die explodierenden Gase durch mehrere als Ventile wirkende Lederschläuche ins Freie treten sollten. Als er mit ihr das erste keineswegs ungefährliche Experiment unternahm, sie in Betrieb zu setzen, leistete die Wärme dadurch zum ersten Male in der Geschichte der Menschheit in einem Kolbenmotor Arbeit, indem ein physikalisch-chemischer Prozeß zu einem arbeitsleistenden Vorgang umgestaltet wurde.

Kurz darauf versuchte sein ehemaliger Assistent, der Franzose *Denis Papin* (1647–1714), nachdem sein Vorhaben, das Vakuum durch kondensierenden Wasserdampf hervorzurufen, infolge der damit verbundenen ungeheueren technischen Schwierigkeiten gescheitert war, als Professor der Mathematik in Marburg den Landgrafen von Hessen für die Idee einer neuen Pulvermaschine zu interessieren, bei der die chemische Energie der Pulvergase auf gleiche Weise in mechanische umgeformt wurde.

Allerdings war keiner dieser ebenso primitiven wie gefährlichen Maschinen, die weder kontinuierlich noch sicher zu arbeiten vermochten, ein praktischer Erfolg beschieden. Deshalb war das folgende Jahrhundert der Dampfmaschine vorbehalten, zumal der im Kessel erzeugte Dampf jederzeit zur Verfügung stand, während bei den Pulvermaschinen das Pulver von Hand zugeführt und gezündet werden mußte. Dazu kam, daß die abwechselnd ober- und unterhalb des Kolbens erfolgenden plötzlichen Explosionen ein derart ruckartiges Hin- und Herschleudern des Kolbens bewirkten, daß sich diese Bewegung schlecht zum Antrieb verwenden ließ. Schließlich vermochten diese Motoren auch deshalb nicht richtig zu arbeiten, weil der Heizwert des verwendeten Schießpulvers mit nur 800 kcal/kg ebenso gering wie der Druck des im Zylinder explodierenden Pulvers stark war, so daß sie infolge des großen Verschleißes an Kolben und Zylinder schon in kurzer Zeit unbrauchbar waren. Trotzdem können diese Maschinen bereits als Urbilder der Atmosphärischen Gasmaschine angesehen werden.

Nachdem die Pulvermaschine somit als Kraftquelle ausgeschieden war, ließ sich der Engländer *John Barber* im Jahre 1791 die Erzeugung von Kraft durch die Verbrennung von Kohlenwasserstoffen in der Luft patentieren, wobei das entstehende

Gas mit entsprechendem Druck durch eine Düse auf ein Turbinenrad strömte, um dieses in Drehung zu versetzen. Drei Jahre später beschäftigte sich sein Landsmann *Robert Street* mit einer Kolbenmaschine, in deren Zylinder er Teeröle und Terpentin vergaste. Dabei sollte das entstehende Gas, nachdem es mit der während der ersten Hubhälfte angesaugten Luft vermischt worden war, durch eine außerhalb brennende Zündflamme auf Hubmitte entzündet und der Kolben unter der Wirkung der eintretenden Verpuffung der Verbrennungsgase auswärts getrieben werden.

Eine wesentliche Entwicklung wurde durch den französischen Ingenieur *Philippe Lebon d'Humbersin* (1767–1804) eingeleitet, als es ihm gelungen war, aus dem damals noch reichlich vorhandenen Brennstoff Holz ein brauchbares Gas herzustellen. Als später die Steinkohle an die Stelle des knapp werdenden Holzes trat und damit diese Erfindung in ihrer Bedeutung erst richtig erkannt wurde, gingen die Bemühungen dahin, das neue Medium Gas nicht nur als künstliches Beleuchtungs- und Heizmittel zu verwenden, sondern auch für den Antrieb der neu zu entwickelnden Gasmaschine einzusetzen. Dazu sah man sich um so mehr genötigt, als man längst erkannt hatte, daß die bei der Dampfmaschine auftretenden großen Verluste vor allem auf den hier beschrittenen Umweg des Wärmeflusses über Wasser und Dampf zurückgeführt werden mußten. Warum sollte es nicht möglich sein, einen Vorratsraum für brennbares Gas einzurichten, das man – nachdem es vorher mit Luft vermischt worden war – in einen Arbeitszylinder einführte, hier verbrannte und schließlich an Stelle des Dampfes als expandierendes Gemisch unmittelbar auf den Kolben wirken ließ! Diese Vorstellung beschäftigte *d'Humbersin* so lebhaft, daß er schon 1801 ein Patent anmeldete, das bereits einen direkt- und doppeltwirkenden Leuchtgasmotor schützte. Bei diesem sollten Gas und Luft durch Pumpen in eine Verbrennungskammer gedrückt und vermischt und – nachdem sie in den Arbeitszylinder geleitet worden waren – entzündet werden, wobei die dabei erzeugte Energie den Kolben hin- und hertreiben sollte. Allerdings war dieser Motor durch den frühen Tod des Erfinders nicht zur Ausführung gelangt.

In den folgenden Jahrzehnten, in denen die Zahl der erfinderischen Bemühungen immer noch weiter zunahm, wurde neben dem Atmosphärischen Motor dem Gasdruck- oder Hochdruckmotor, bei dem die Explosion des Gases unmittelbar auf den Arbeitskolben wirkt, besondere Aufmerksamkeit geschenkt. Dabei stützte man sich, von der überragenden Bedeutung der Zündung überzeugt, nicht zuletzt auf den Physiker *Alessandro Volta* (1745–1827), der den Beweis erbracht hatte, daß man brennbare Gase durch elektrische Funken entzünden konnte. So auch der Schweizer *Isaac de Rivaz* (1752–1828), von dem bereits 1806 die „Verwendung der Explosion von Leuchtgas oder anderen gasförmigen Stoffen als Motorkraft" angekündigt worden war, mit seinem 1812/13 gebauten Motor. Mit ihm konnte er allerdings keinen vollen Erfolg erzielen, da es ihm nicht gelang, den Arbeitszylinder automatisch mit frischem Gas zu laden. Immerhin handelte es sich um den ersten „hinlänglich gangbaren" Verbrennungsmotor, mit dem er 1817 als erster ein Fahrzeug auf einer kurzen Strecke in Bewegung setzte.

Durch die immer lauter werdenden Rufe der Praxis nach einem „kessellosen Motor" beflügelt, arbeiteten die Erfinder in der Folgezeit mit noch größerer Energie an der Realisierung dieser Idee. So entwickelte *William Cecil* im Jahre 1820 das Modell einer Atmosphärischen Gasmaschine mit senkrecht stehendem Zylinder, bei der an dem oberhalb des Kolbens liegenden Brennraum zwei horizontal angeordnete Behälter angeschlossen waren, in denen, sobald man ein Wasserstoff-Luft-Gemisch abbrannte, ein Unterdruck erzeugt wurde, so daß der Kolben von dem äußeren Luftdruck nach oben getrieben wurde. Drei Jahre später wurde von dem Engländer *Samuel Brown* eine nach dem gleichen Grundprinzip arbeitende Gasmaschine entwickelt, bei der er die notwendige Luftverdünnung im Arbeitszylinder dadurch erreichte, daß der Verpuffungsdruck durch Ventile schnell abgeleitet und der entspannte Gasrest abgekühlt wurde. Aber auch diese zweizylindrige doppeltwirkende Maschine hatte, obzwar man sie bereits in Wasserwerken, einem Wagen und einem Boot zum Antrieb nutzte, nicht den erwarteten Erfolg.

Im Jahre 1833 ließ der Engländer *William L. Wright* einen doppeltwirkenden Motor mit zwei Ladepumpen patentieren, in welchem nicht mit dem Unterdruck im Zylinder, sondern erstmalig mit einem auf den Kolben wirkenden Überdruck von mehreren Atmosphären gearbeitet wurde. Bei dieser Maschine, die zum ersten Male mit einem auf den Gasgehalt der Ladung einwirkenden Fliehkraftregler ausgestattet war, der den Gaszutritt dem jeweiligen Bedarf anpaßte, erfolgte die Zündung durch eine äußere Flamme im Totpunkt. Fünf Jahre später machte *William Barnett* einen weiteren Schritt nach vorn, als er in einer Patentschrift eine Maschine beschrieb, die aus einem Arbeitszylinder mit gesondertem Laderaum bestand, der von einer Luft- und Gaspumpe jeweils gefüllt wurde, bis der Kolben im Totpunkt stand. Dann sollte der Laderaum durch einen Schieber mit dem Zylinder verbunden, sein Inhalt entzündet und der Kolben unter der Verpuffungsspannung nach oben getrieben werden. Dabei stellte die sicherlich unbeabsichtigte Vorverdichtung des Gas-Luft-Gemisches im Laderaum eine Besonderheit dar.

Im Jahre 1847 erregte eine von dem Amerikaner *Alfred Drake* in Philadelphia ausgestellte Maschine liegender Bauart besonderes Aufsehen, die – mit Leuchtgas betrieben, dem man neun bis zehn Raumteile Luft zugab – bei einem mittleren Druck von 2,5 at und einer Drehzahl von 60 min^{-1} 20 PS leistete. Sie wies neben dem mit einer Wasserkühlung versehenen Mantel bereits eine Ventilsteuerung und eine Zündung auf, die aus einem von einer äußeren Flamme geheizten gußeisernen Röhrchen bestand, dessen Zündkanal nicht im Totpunkt, sondern auf Hubmitte wirkte. Durch diese Elemente wurde die weitere Entwicklung des Verbrennungsmotors merklich beeinflußt. Zufriedenstellen konnte diese Maschine trotz allem nicht, da bei ihrem Lauf außerordentlich starke Erschütterungen auftraten.

Mehr Anerkennung erfuhr mit Recht die von den Italienern *Eugenio Barsanti* (1821–1864), einem als Lehrer der Physik in Florenz wirkenden Geistlichen, und dem Mechaniker *Felice Matteucci* 1854 angemeldete „Flugkolbenmaschine“, bei der die Arbeitsleistung dadurch erzielt wurde, daß während der Expansion des Gemisches aus Gas und Luft der Kolben hin- und hergetrieben wurde. Dieser Motor soll nach Aussagen der Erfinder nur 800 l/PSh Leuchtgas verbraucht haben, was angesichts der mechanischen Unvollkommenheit der Maschine allerdings angezweifelt werden muß. Vier Jahre später erhielt der Franzose *Degrand* ein Patent auf einen doppeltwirkenden Zweitaktmotor, bei dem die Luft durch die austretenden Abgase in den Zylinder gesaugt und das auf 1 at verdichtete Gas in

einem Behälter gespeichert wurde. Im zweiten Teil des Kolbenhubes sollte es in den Arbeitszylinder überströmen und das Gemisch weiter verdichtet werden, bevor die Zündung einsetzte. Zweifellos eine Fülle aus der Not geborener und unter primitiven Voraussetzungen vorgenommener Bemühungen kühnen Erfindergeistes, von denen manche bereits eine wichtige Zwischenlösung darstellte. Sicher hätten manche von ihnen wesentlich weiterführen können, wäre der für die Realisierung notwendige Entwicklungsstand an Werkzeugmaschinen, Werkstoffen und Facharbeitern vorhanden gewesen. Trotzdem trug jeder einzelne Erfinder mit seinen Versuchsergebnissen mehr oder weniger zum technischen Fortschritt bei.
Im Jahre 1860 trat nun der Franzose *Jean Joseph Etienne Lenoir* (1822–1900) mit seinem Atmosphärischen Gasmotor auf den Plan, für dessen Erfindung eine geradezu marktschreierische Reklame gemacht wurde. Über seinen neuen Motor, der vor allem auf dem Arbeitsprinzip der Motoren von *Isaac de Rivaz* und der Italiener *Barsanti* und *Matteucci* fußte, erschienen in aller Welt lobpreisende Abhandlungen, ja, man glaubte sogar bereits das baldige Ende der Dampfmaschine voraussagen zu können, zumal die täglichen Betriebskosten einer vierpferdigen Dampfmaschine bei einem Kohlenverbrauch von 4,5 kg/PSh rund 6,6 Mark betrugen, während der *Lenoir*sche Motor bei 17 Pfennig je Kubikmeter Gas für die gleiche Arbeitsleistung nur 3,42 Mark benötigen sollte.
Allerdings wurden bald Stimmen laut, welche die Priorität des Verfahrens anzweifelten, da der Direktor einer Pariser Gesellschaft zur Erzeugung komprimierten Leuchtgases, *Pierre Hugon*, schon zwei Jahre vorher eine Maschine entwickelt haben sollte, die sich von der *Lenoir*schen nur dadurch unterschied, daß das Gas bereits vor der Einführung in den Zylinder mit der Luft vermischt wurde. Diese Nachricht und bestimmte Schriften, wie *Gustav Consentius'* „Die Dampfkraft durch die Gaskraft ersetzt“, in der die „neu erfundene Gasmaschine als wohlfeilste, einfachste, gefahrloseste, überall anwendbare und selbst dem kleinen Handwerk zugänglichen Ersatz der Dampfmaschine“ angepriesen wurde, nahmen *Nicolaus August Otto* in einem ungewöhnlichen Maße gefangen. Er sah nicht, daß diese auf den Vorleistungen einer langen Kette von Forschern und Technikern

aufbauende Erfindung aus dem erreichten Niveau der Produktivkräfte und einem äußerst dringenden Bedarf nach gegenüber der Dampfmaschine leichter handhabbaren Kraftmaschinen heraus entstanden war. Aber das technische Problem zog ihn an, wie achtzehn Jahre später den Studenten *Rudolf Diesel* die von Professor *Carl von Linde* (1842–1934) in einer Vorlesung gemachten Ausführungen über die wesentlichen Mängel der Dampfmaschine aufhorchen ließen, die für seine spätere erfinderische Arbeit wegweisenden Charakter haben sollten.

2. NICOLAUS AUGUST OTTO UND DER VON IHM ENTWICKELTE VERBRENNUNGSMOTOR MIT FREMDZÜNDUNG

2.1. *Jugend, Beruf und erste erfinderische Versuche*

Nicolaus August Otto wurde am 14. Juni 1832 in dem kleinen nassauischen Dorf Holzhausen „auf der Haide“ als Sohn des Bauern und Gastwirts „Zur alten Post“, *Philip Wilhelm Otto*, und seiner Ehefrau *Anna Katherina* geborene *Kayser*, Tochter eines Verwaltungsbeamten des Amtes Laufenselden, geboren. Als ein Jahr nach der Geburt dieses sechsten und letzten Kindes der Familie der Vater starb, nahm sich neben der Mutter vor allem ihr Schwiegersohn, *Peter Minor*, des Anwesens an. Diesem wurde, da der von kargen Feldern und dunklen Tannenwäldern des Taunus umschlossene Ort gerade an der Kreuzung der Straßen Koblenz–Wiesbaden und St. Goar–Limburg lag, im Jahre 1837 auch die Posthalterei zugesprochen.
Seitdem ließen sich in der niedrigen Gaststube des im Winkel gelegenen langgestreckten Hauses, an dem heute eine unscheinbare und deshalb vielfach übersehene Tafel daran erinnert, daß hier der „Schöpfer des Verbrennungsmotors“ geboren wurde, Reisende aus aller Welt nieder, um sich – während an den schweren Postkutschen die Pferde gewechselt wurden – von den Strapazen der Fahrt auf der holprigen Bäderstraße von Ems nach Wiesbaden zu erholen und leiblich zu stärken. Dadurch wurde die Stille des Dorfes, in dem die meist vom geringen Ertrag der Äcker lebenden Menschen ihr hartes Leben noch als schicksalsgegeben hinnahmen, zu bestimmten Tageszeiten von regem Leben abgelöst. Das beeindruckte den aufgeweckten Jungen um so mehr, als die vielfach auffallend gekleideten und sprechenden Reisenden in ihm eine leise Ahnung von dem aufkommen ließen, was hinter den weitausschwingenden Taunushöhen lag. Auch sonst war der späte, überaus naturverbundene

Nachkömmling des vaterlosen Hauses nicht sich selbst überlassen, da er in der um drei Jahre jüngeren *Lisette*, der Tochter seiner um achtzehn Jahre älteren Schwester *Wilhelmine* verheiratete *Minor*, eine ebenso aufgeschlossene wie muntere Gespielin hatte.

Nach achtjährigem Besuch der Dorfschule als einer der besten Schüler im Frühjahr 1846 mit dem Prädikat einer „recht guten" Befähigung entlassen, kam er, da er vor allem für technisch-mechanische Dinge reges Interesse zeigte, an die Realschule in Langenschwalbach, einem lebensfrohen Badestädtchen, wo er – bei seinem Onkel *Carl Tiefenbach* wohnend – mit seinem gleichaltrigen Vetter unbeschwerte Jugendjahre verlebte.

Den Ausbruch der bürgerlich-demokratischen Revolution in Frankreich und Deutschland 1848/49 nahm *Otto* sicher zunächst ohne größere leidenschaftliche Bewegung zur Kenntnis. Den Folgen der ökonomischen Krise 1847 und des Verrates der liberalen Großbourgeoisie noch im März 1848 an den nationalen Interessen des deutschen Volkes und speziell auch an der bäuerlichen Bevölkerung, konnte sich die Familie *Otto* jedoch nicht entziehen. Der Sieg der Konterrevolution verschlechterte die ökonomische Situation so stark, daß *Ottos* weiterer Ausbildungsgang dadurch entscheidend beeinflußt wurde. Zwar wollte seine Mutter ihn gern studieren lassen, doch sie sah im April 1848 sich nicht einmal mehr in der Lage, für ihren Sohn das Geld für die Schwalbacher Realschule aufzubringen. Das bedauerten viele Bekannte um so mehr, als *August*, der an den hier vermittelten Erkenntnissen von der Natur lebhaft interessiert war, beim Abgang von der Schule in fast allen Lehrfächern die besten Noten erzielt hatte.

Da *Peter Minor* in der Zwischenzeit den elterlichen Besitz allmählich an sich gebracht hatte, blieb *August* keine andere Wahl, als – wie sein älterer Bruder *Wilhelm* eine Reihe von Jahren vorher – den Beruf eines Kaufmanns aufzugreifen, um auf diese Weise möglichst bald auf eigenen Füßen zu stehen. Deshalb kam die Mutter bereits im Herbst des gleichen Jahres mit dem Weinhändler *Guntrum* im benachbarten Nastätten überein, daß er *August* „auf drei aufeinanderfolgende Jahre in seiner Handlung in die Lehre" nehme und ihm „während dieser Zeit anständige Kost und Logis" gebe, „den befohlenen

Lehrling nach bestem Wissen und Willen zu unterrichten und freundschaftlich" zu behandeln „sowie demselben in der Woche drei Stunden frei zu lassen, um sie zum Unterricht zu verwenden". *Augusts* Mutter erklärte sich andererseits bereit, „ein Honorar von zweihundert Gulden und zwar die Hälfte beim Eintritt und den Rest beim Anfang des dritten Lehrjahres" zu entrichten.
Als *August* damit im November 1848 in das Leben hinaustrat, gab ihm die besorgte Mutter die Lebensregel mit auf den Weg:

Schick dich in die Welt hinein, denn dein Kopf ist viel zu klein, als daß sich schickt die Welt hinein!

Nach beendeter Lehre trat *August* im Frühjahr 1852 als zwanzigjähriger „Handlungskommis" in den Dienst des Kolonialwaren- und Landesproduktengeschäftes von *Ph. J. Lindheimer* in Frankfurt-Sachsenhausen, wo er sich im strapaziösen Außendienst als „ein treuer und fleißiger Arbeiter" erwies. Mitte Juni 1853 nahm er, durch seinen hier lebenden Bruder *Wilhelm* vermittelt, bei *J. G. Altpeter* und später bei der Firma *Carl Mertens* in Köln die gleiche unruhvolle Tätigkeit auf, um ein großes Gebiet in sogenannten Kolonialwaren zu bereisen. Diese vermochte den jungen *Otto* bei seiner erzwungenen Genügsamkeit zwar dadurch einigermaßen zu ernähren, daß er bei seinem durch die Heirat vermögend gewordenen Bruder *Wilhelm* in der Pfeilstraße Nr. 14 wohnen konnte, aber sie befriedigte ihn nicht, zumal er keinerlei Aussicht auf ein Vorwärtskommen hatte, weshalb er in dieser Zeit nicht selten recht bedrückt war.
Bis er am Karnevalsdienstag des Jahres 1858 im größten Tanzsaal von Köln, wohin er sich begeben hatte, um im Strudel des Vergnügens den nüchternen Alltag zu vergessen, im Maskenkostüm *Anna Gossi* (1839–1914), die neunzehnjährige Tochter eines aus dem Saarland stammenden Kaufmanns französischer Herkunft, kennenlernte. Bald von einer innigen Zuneigung zu dem hübschen und mit „klarem Verstand und munterem Sinn" ausgestatteten Mädchen ebenso erfaßt wie von der heiteren Welt der weltoffenen Familie angezogen, der sie entstammte, zog es den stillen jungen Mann aus dem Taunus in der folgenden Zeit oft nach dem vor den Toren Kölns gelegenen Bayenthal. Und war er beruflich unterwegs, gingen ständig, bald aus der Eifel, bald aus dem Bergischen Land kommend,

schriftliche Lebenszeichen hier ein. Dabei verschwieg er seiner Braut auch nicht, welche Sorgen er sich um die gemeinsame Zukunft machte, da infolge seines geringen Einkommens an die Gründung eines eigenen Hausstandes noch nicht zu denken war. Was wunder, wenn der Wunsch nach einer anderen, einträglicheren Existenz in dem jungen Kaufmann täglich mächtiger wurde. Dies vor allem, als aufsehenerregende Nachrichten wissen wollten, daß angesichts der beschleunigten Industrialisierung und des damit verbundenen Bedarfs an neuen Maschinen aller Art mancher, der eine Erfindung gemacht hatte, geradezu über Nacht wohlhabend geworden sei. Deshalb war es in dieser Zeit sorgender Ausschau nach einem Ausweg aus der finanziellen Situation verständlich, wenn der sonst nüchtern denkende junge Mann während seiner Dienstfahrten alle Eindrücke der Umwelt mit wachen Sinnen aufnahm.
In dieser Situation erhielt *August Otto*, der durch Vervollkommnung seiner naturwissenschaftlich-technischen Kenntnisse allmählich für Fragen Verständnis gefunden hatte, die eng mit dem technischen Fortschritt im Zusammenhang standen, im Spätherbst des Jahres 1860 Kenntnis von der Gasmaschine des Franzosen *Jean Joseph Etienne Lenoir*. Diese erregte um so größeres Aufsehen, als überschwengliche Lobpreisungen den Eindruck erwecken mußten, als sei damit die seit langem für die Kleinindustrie, das Handwerk und das Gewerbe, die Landwirtschaft und den Verkehr gesuchte völlig neue Kleinkraftmaschine bereits gefunden und als wären somit die Tage der Dampfmaschine gezählt.

Diese Maschinen bedürfen weder eines Heizers noch eines Schornsteins, noch eines großen Wasserkessels, noch der Kohlen. Die einzige bewegliche Kraft ist das Gas. Überall, wo sich das Gas in der Stadt befindet, kann man sie verwenden und bedarf es einfach, daß man die Gasleitung mit dem Zylinder in Verbindung setzt und sofort kann die Maschine arbeiten und kostet nur so lange, als sie arbeitet, was bei keiner anderen Maschine der Fall ist. Sie sind hauptsächlich für Handwerker, kleine Fabrikanten, Mineralwasserfabrikanten, Hotelbesitzer, Buchdrucker, Schokoladenfabrikanten, Krämer, Drechsler, Schleifer etc ... Sie sind sauber gearbeitet, und man kann sie überall in eine Ecke stellen auf Etagen, Boden, Keller ...

Diese lautstarke Reklame für die mit Leuchtgas betriebene neue Maschine, die einer liegenden doppeltwirkenden Dampfmaschine mit Schiebersteuerung ähnelte, zog *Otto* in besonderem Maße an, zumal sie wie alles Neue noch mit erheblichen Mängeln behaftet war. Vielleicht konnte er dadurch, daß er sich um deren Beseitigung bemühte, den an ihr brennend interessierten Kreisen helfen und dadurch gleichzeitig den gesuchten Ausweg aus der eigenen beruflichen und finanziellen Enge finden!

Nun setzte in der Wohnung der Brüder *Otto* in der Pfeilstraße eine außerordentliche Regsamkeit ein. Sie erfuhren, daß der *Lenoir*sche Motor vor allem dadurch an der vollen Auswirkung gehindert wurde, daß er bei seinem hohen Verbrauch an Gas an die städtischen Gasanstalten gebunden war und bei Schwankungen in der Belastung einen unregelmäßigen Gang aufwies, weshalb zuweilen ein recht unangenehmes Klopfen auftrat. Dennoch hatte diese Maschine gegenüber ihren Vorgängerinnen wesentliche Vorteile. Sie war nicht nur hinsichtlich der Aufstellung und Bedienung anspruchslos, sondern bei steter Betriebsbereitschaft auch billiger als eine Dampfmaschine. Außerdem war ihr Betrieb an keine so umfangreichen Gebrauchsanweisungen gebunden wie diese. Schließlich war ihr Einsatz bei kleinen oder mit häufigen Unterbrechungen arbeitenden Arbeitsmaschinen, wofür sich die Dampfmaschine überhaupt nicht eignete, überaus zweckmäßig. Ein Ansporn für die Brüder *Otto*, sich ihrer Vervollkommnung vor allem in der Weise zu widmen, daß sie nach Möglichkeit von der Gasleitung freigemacht wurde, damit sie allseitig eingesetzt werden konnte.

Da den Brüdern *Otto* bei diesem Schritt in das Neuland der Motorentechnik durchaus bekannt war, daß die leicht entzündlichen Dämpfe von Spiritus und Petroleum explosionsgefährlich waren, drängte sich ihnen zunächst die Frage auf, ob man die energiereichen Dämpfe dieser oder ähnlicher Kohlenwasserstoffe nicht auch als Treibmittel für den Motor verwenden könnte. Dadurch könnte diese Maschine, die damit von der Gasanstalt unabhängig werden würde, sogar auf dem Lande genutzt werden.

Nachdem bald darauf der hierfür benötigte „Verdampfer“ skizziert war, gab ihm der Kölner Mechaniker *Michael J. Zons* in der Schildergasse Gestalt. Er bestand aus einem kupfernen Behälter, dessen Boden durch die Flamme einer Lampe erhitzt wurde und von dem die entstandenen Gase dem Zylinder des Motors zugeführt werden sollten.

Da die damit unternommenen Experimente zur vollen Zufriedenheit verliefen, beantragten die Brüder *August* und *Wilhelm Otto* in der Überzeugung, damit bereits einen wesentlichen Erfolg errungen zu haben, Anfang Januar 1861 beim Königlich-Preußischen Handelsministerium ein Patent. Dabei führten sie unter anderem aus:

Nach verschiedenen Versuchen ist es uns gelungen, die Dämpfe der kohlenwasserstoffhaltigen Flüssigkeiten als bewegende Kraft praktisch anzuwenden. Unter diesen räumen wir dem Spiritus den Vorzug ein. Die Dämpfe desselben werden, wie bei der Anwendung des Gases nach *Lenoirs* Methode, mit dem zwanzigfachen Volumen Luft zur Speisung eines Zylinders benutzt, und ein Kolben in demselben wird durch Entzündung mittels elektrischen Funkens in Bewegung gesetzt ...

Diese einfache Vorrichtung konnte – wie weiter erläutert wurde – nach Belieben in Gang gesetzt und abgestellt werden. Schon „ein Quart Spiritus“ genüge, um die Maschine „bei der Stärke einer Pferdekraft drei Stunden in Tätigkeit zu halten“. Außerdem wurde als besonderer Vorteil vermerkt, daß der Motor sehr wenig Platz beanspruche und – wie die Brüder *Otto* zuversichtlich hofften – daher vor allem zu der schon lange angestrebten „Fortbewegung von Gefährten auf Landstraßen leicht nützlich verwendet werden“ könnte. Deshalb glaubten sie voller Erwartung sein zu können.

Aber sie sollten nur allzubald erfahren, wie gründlich sie sich getäuscht hatten. Die Technische Deputation für Handel und Gewerbe, die vom Königlich-Preußischen Handelsministerium darum gebeten worden war, den eingebrachten Antrag zu begutachten, ließ sie Ende Januar 1861 wissen, daß – wie aus der wieder beigefügten Zeichnung und Beschreibung hervorgehe – diese Maschine nur insofern von dem *Lenoir*schen Gasmotor verschieden sei, als das im Zylinder der Maschine durch elektrischen Funken zu entzündende Gasgemenge nicht wie bei *Lenoir* aus Leuchtgas und atmosphärischer Luft bestehe. „Ob Spiritusdämpfe hierzu geeigneter sind als Leuchtgas, lassen wir dahingestellt sein“, ließ das Ministerium offen, um mit besonderem Nachdruck zu betonen:

Auf keinem Fall kann aber ihre Anwendung zu diesem besonderen Zwecke als eine patentfähige Erfindung bezeichnet werden ...

Dieser mißglückte Vorstoß löste bei den Brüdern *Otto* recht unterschiedliche Reaktionen aus. Während sich *Wilhelm* als kühl rechnender und zu keinem weiteren Risiko bereiter Kaufmann nun zurückzog, nahm der sich als erstaunlich zäh erweisende Bruder sich um so energischer vor, dem einmal aufgegriffenen Problem zu Leibe zu rücken. So gab er, nachdem ihm durch den Tod der Mutter bereits Mitte des Jahres 1860 eine Erbschaft in Höhe von rund 7000 Talern zugefallen war, dem Mechaniker *Zons* den Auftrag, ihm eine kleine Modellmaschine *Lenoir*scher Arbeitsweise zu bauen, um mit ihr weiterführende Experimente durchführen zu können. Dabei konnte er, da er „ohne nähere Angaben über konstruktive Details und Verhältnisse des Gas-

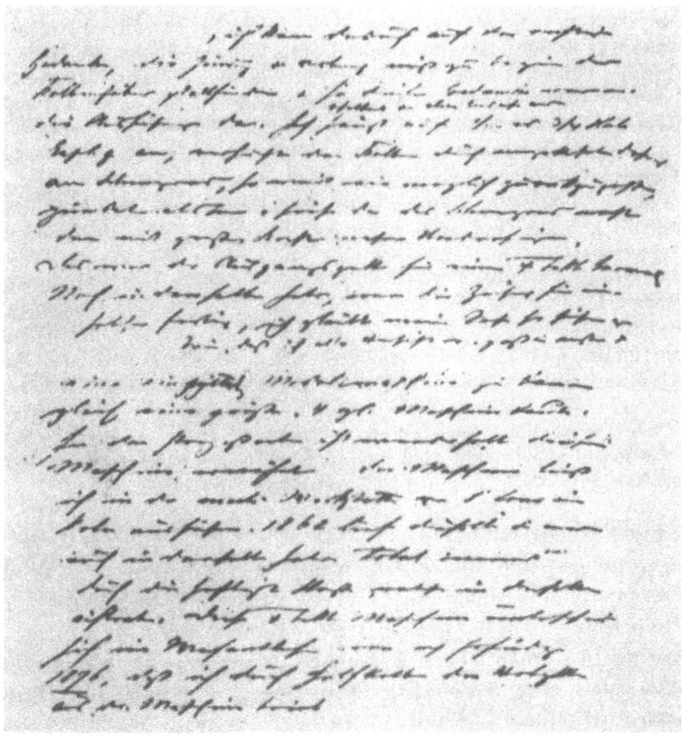

Abb. 3. Aus den handschriftlichen Erinnerungen *N. A. Ottos* (1889)

gemenges des angesaugten Quantums“ war, nur seinen damaligen Kenntnissen entsprechende Anweisungen geben.
Im März 1861 war die Maschine bereits fertiggestellt. Was nun begann, war kein Unternehmen eines Neugierigen mehr, sondern bereits „die ernste Arbeit eines Mannes, der ein Ziel gefunden hatte, das ihm sein Leben wert war“. Wochenende um Wochenende wurde in der Werkstatt des Mechanikers neugierig tastend Versuch um Versuch gemacht, wobei er vor allem die Mischung von Gas und Luft und den Zeitpunkt des Zündens immer wieder veränderte. Dabei ging er, dem vorher die tieferen Zusammenhänge von Ursache und Wirkung unbekannt waren, nach seinen im Jahre 1889 niedergeschriebenen „Erinnerungen“ folgendermaßen vor:

Das angesaugte Gemischquantum nahm ich zu ein Viertel des Kolbenhubes und machte nun die Beobachtung, daß nur selten der Kolben über den Totpunkt kam. Nach jeder Wirkung kam derselbe bis nahe an das Ende seines Hubes und wurde alsdann der Kolben auf demselben Wege wieder zurückgezogen. Nach den ersten mißlungenen Versuchen, die Maschine in regelmäßigem Betrieb zu setzen, hatte ich die Ursache erkannt; die Abkühlung der verbrannten Gase war eine weit größere, als ich in Rechnung gezogen hatte, und änderte die Maschine um, daß ich auf ein Halb und selbst auf drei Viertel des Kolbenhubes Explosionsgemisch ansaugen konnte; bei ein Halb blieb das Maschinchen in Gang, bei drei Viertel ging sie sogar schlechter, was ja wiederum leicht erklärlich war; ich kam dadurch auf den richtigen Gedanken, die Zündung und Verbrennung muß zu Beginn des Kolbenhubes stattfinden und so dieser Gedanke, war auch die Ausführung da. Ich saugte auf ein Halb eventuell drei Viertel Explosionsgemisch an, versuchte den Kolben durch umgekehrtes Drehen am Schwungrad so weit wie möglich zurückzupressen, zündete alsdann, und siehe da, das Schwungrad machte mit großer Kraft mehrere Umdrehungen. Das war der Ausgangspunkt für einen Viertakt-Gasmotor.

Und die Geburtsstunde des Viertaktes war zweifellos die Grundlage, auf der sich später der eigentliche Ottomotor, der Vater aller heutigen Gasmaschinen und der so gewaltig fortschreitende Gasmaschinenbau der ganzen Welt, aufbauen sollte.
Aus den unternommenen Versuchen, bei denen *Otto* festgestellt hatte, daß man Ansaugen, Verdichten, Verbrennen und Auspuffen in einem Zylinder vornehmen mußte, schlußfolgerte er, daß diese Wirkung nur dadurch erzielt wurde, daß er – um einen längeren Arbeitshub für die Expansion zu schaffen –

das Gas-Luft-Gemisch durch Zündung erst dann zur Explosion brachte, wenn dieses am stärksten verdichtet war. Damit war die Einschaltung des Kompressionshubes für den Verbrennungsmotor ganz entscheidend gewesen, zumal dadurch eine wesentliche Leistungssteigerung bei geringerem Gasverbrauch erzielt wurde. Jedenfalls war *Otto* überzeugt davon, damit eine wichtige Entdeckung gemacht zu haben, ohne allerdings zu diesem Zeitpunkt ahnen zu können, daß die Benutzung des vorverdichteten Gemisches bei gleichzeitiger Anwendung des Viertaktes und der Zündung im Augenblick des höchsten Verdichtungsdruckes bereits den erfolgreichsten Schritt auf dem Weg zum funktionsfähigen Verbrennungsmotor darstellte. Ebensowenig wußte er, daß er als erster das angesaugte Gemisch im Arbeitszylinder vorverdichtet hatte. Dafür erkannte er bald darauf um so klarer, daß die kleine Modellmaschine für weitergehende Versuche ungeeignet war, zumal er hierzu eine völlig neue Steuerung benötigte. Deshalb brach er kurz darauf seine Experimente damit ab.
Wie sehr *Otto* bereits damals der erfinderischen Leidenschaft verfallen war, geht aus einem aus Gmünd in der Eifel an seine Braut gerichteten Brief von Ende Mai 1861 hervor, in dem er schrieb:

Ich vertiefte mich immer mehr im Denken, und vor lauter Denken dachte ich schließlich nicht mehr und verblieb so in diesem fürchterlichen Zustand circa drei Stunden. Ich kann nun nicht sagen, daß ich, nachdem ich wieder auf meinen Füßen stand, etwa abgemattet war, auch ging ich zu keinem Arzte, sondern half mir selbst, indem ich mit meinen Armen und Gesichtsmuskeln einige bekannte gymnastische Übungen machte ...

In dieser Zeit lösten naturwissenschaftlich-technische Überlegungen eine Gedankenarbeit aus, die ihn befähigte, sich selbst über verwickelte Vorgänge eine recht anschauliche Vorstellung zu machen und neue Wirkungen vorauszuahnen.
Mitte Juni 1861 besuchte *Otto* die Allgemeine Ausstellung in Metz, von wo er seiner Braut schrieb:

Des Sonntags Morgen um 9 Uhr war ich dann auf der Ausstellung und durchwanderte flüchtig alle Räume und suchte das Bewußte. Es war leider davon keine Maschine ausgestellt. Obgleich ich mich interessiert hätte, hat es doch nichts zu sagen, da es mir wenig genützt hätte ...

Möglicherweise dachte *Otto*, den Motor von den Italienern *Barsanti* und *Matteucci* ausgestellt zu finden.

Wie sehr sich *Otto* auch in den folgenden Monaten mit neuen Plänen beschäftigt hat, geht aus einem am 23. November 1861 an *Anna Gossi* gerichteten Schreiben hervor, in dem es heißt:

... Die übrige Zeit bis spätabends beschäftigte ich mich mit meinem Dir bekannten Projekte, und nachdem ich mehrere Bogen voll gezeichnet und gerechnet hatte, war es Zeit, zu Bett zu gehen ...

Kurz darauf ließ *Otto*, „alle Vorsicht vergessend", bei *Zons* anstelle eines einzylindrigen Versuchsmotors gleich eine große vierzylindrige Maschine in liegender Boxeranordnung bauen, bei der angesichts der Erkenntnis, daß ein Arbeitsspiel auf vier Hübe oder Takte verteilt werden mußte, Ansaugen, Verdichten und Zünden, Ausdehnen und Ausschieben, in jedem Zylinder aufeinander folgen sollten. Dabei wurden die einzelnen Zylinder mit der zweifach gekröpften Kurbelwelle so verbunden, daß sich in je zwei nebeneinanderliegenden Zylindern die Kolben von der Kurbelwelle weg und in den beiden anderen in entgegengesetzter Richtung bewegten. Außerdem wurde, um die zu erwartenden heftigen Zündstöße zu vermeiden, zum Ausschieben der verbrannten Gase noch ein freibeweglicher „Fliegerkolben" vorgesehen, dessen dünne Kolbenstange in der stärkeren hohlen des Arbeitskolbens so geführt wurde, daß zwischen beiden ein größerer mit Luft gefüllter Raum verblieb, der als Puffer das Kurbelgetriebe vor den Explosionsstößen schützen sollte. Auf diese Weise glaubte *Otto* nicht nur einen weit gleichförmigeren Lauf gegenüber der Einzylindermaschine zu erreichen, sondern auch eine wesentliche Steigerung der Motorenleistung.
Bereits Anfang Januar des Jahres 1862 konnte *Otto* von einer Dienstfahrt aus Ahrweiler seiner Braut berichten:

Wenn ich Sonntag nach dort komme, wird meine Maschine wohl so weit fertig sein, daß ich über allenfalsige Zweifel mich noch ganz versichere und genaue Anhaltspunkte erfahre ...

Und vierzehn Tage später ließ er sie voller Zuversicht wissen:

Ehe ich wegfuhr, war ich noch mehrere Stunden bei *Zons*. Wir erzielten noch recht günstige Resultate und denke ich, bald ganz in Ordnung zu kommen.

Diese Ergebnisse hatten in *Otto* bald die Hoffnung aufkommen lassen, seinen ihn jetzt überhaupt nicht mehr befriedigenden

Brotberuf möglichst schnell aufzugeben, um der ihn immer stärker in ihren Bann ziehenden Berufung zu folgen. Bereits Mitte April 1862 glaubte er in einem von Bernkassel aus geschriebenen Brief der wartenden Braut mitteilen zu können:

Ich freue mich, daß ich nun bald von meinen Touren erlöst bin und hoffe, baldigst meinen Plan glücklich zu beenden.

Vier Wochen später trat *Otto* aus dem Geschäft von *Carl Mertens* aus. Mitte September besuchte er, dessen ganzes Sinnen nur noch auf das Ziel gerichtet war, die mit der Dampfmaschine wettbewerbsfähige Gaskraftmaschine zu schaffen, die Industrieausstellung in London, um sich dort davon zu überzeugen, ob ihm bei seinem erfinderischen Vorhaben nicht vielleicht jemand zuvorgekommen war. Als er Ende des Monats zurückkehrte, sah sich seine Braut angesichts seiner bedrückten Stimmung genötigt, in ihrem Tagebuch zu vermerken:

Von dieser Zeit an ziemlich prosaisch.

Das war insofern verständlich, als die neue Maschine, die ihn ermutigt hatte, seine Berufsarbeit aufzugeben, bei weitem nicht das hielt, was er sich versprochen hatte. Der Motor lief zwar, aber das infolge der vollständigen Austreibung der Abgase sehr reine Gemisch verpuffte bei der verdichteten Ladung immer noch zu heftig und traf trotz des elastischen Luftkissens das Triebwerk derart stark, daß es beim weiteren Laborieren innerhalb weniger Monate „total ruiniert" wurde. Damit drohte gerade zu dem Zeitpunkt, da *Otto* das dritte Jahrzehnt vollendete, dadurch, daß er die Explosionsstöße der Verbrennung einfach nicht beherrschte, sein ganzer Zukunftsplan, in seinem Motor den Überdruck der Verbrennungsgase im Viertaktverfahren zu nutzen, zusammenzubrechen.
Zweifellos hatte *Otto* auf dem Wege meist empirischer Erkenntnisse mit dem direktwirkenden Motor die bisher beste Lösung gefunden. Er war in dieser Zeit jedoch noch völlig außerstande zu erkennen, daß der schöpferisch formende Erfinder immer vom jeweiligen Stand der Technik abhängig war und neue hochwertige Erzeugnisse nun einmal höhere Gütegrade der Werkstoffe, bessere Bearbeitungsmethoden und qualifizierte Arbeitskräfte voraussetzten. Enttäuscht unterließ er es, auf den von ihm ent-

deckten Viertakt, dessen thermodynamische Überlegenheit ihm damals noch nicht bewußt war, den Patentschutz zu beantragen, ein Versäumnis, das sich bei den späteren Patentprozessen bitter rächen sollte, da kurz vorher in Paris *Beau de Rochas* (1815–1893) die Idee zu einem Motor zum Patent angemeldet hatte, der zwar nicht im Verbrennungs-, jedoch im Arbeitsverfahren mit dem von *Otto* übereinstimmte.
Den einmal gefaßten Entschluß, einen für die Praxis reifen Gasmotor zu entwickeln, gab *Otto* jedoch trotz aller Schwierigkeiten nicht auf. Zuversichtlich vermerkte *Anna Gossi* in ihrem Tagebuch am Neujahrstag 1863:

Das Jahr 1863 wohl und recht vergnügt angefangen und ein Gläschen getrunken in der Hoffnung, daß dieses neue Jahr uns endlich unseren heißen Wunsch erfüllen möge.

Aber es sollte noch Jahre dauern, bevor die beiden den gewünschten eigenen Hausstand gründen konnten, denn *Otto* griff – obwohl schon nahe am Ziel seines Strebens – aus Furcht vor der „Direktwirkung" der Verbrennungsgase wieder auf das *Lenoir*sche Verbrennungsprinzip zurück. Damit lagen weitere, von Mühsal, Enttäuschungen und Verlusten gleichermaßen gekennzeichnete Jahre vor ihnen.

2.2. Die Entstehung der Atmosphärischen Gasmaschine

Nun wandte sich *Nicolaus August Otto* in seinen erfinderischen Überlegungen wieder der atmosphärischen Maschine zu, bei der der Kolben nicht durch die nach der Zündung expandierenden Gase, sondern durch den äußeren Luftdruck bewegt wurde. Darüber berichtete er in seinen „Erinnerungen" vom Jahre 1889:

Die Erfahrungen mit der Viertaktmaschine waren so deprimierend, daß ich damals zweifelte, ob es jemals gelänge, eine direktwirkende Gasmaschine zu bauen. Ich versuchte nun, atmosphärische Gaskraftmaschinen zu bauen, bei welchen die Explosionskraft eines Gemenges von Gas und Luft zur Bildung eines luftverdünnten Gemengeraumes benutzt wird, und dann der Überdruck der äußeren Atmosphäre als treibende Kraft zur Geltung kommt ...

Nicolaus August Otto, der zu diesem Zeitpunkt bereits über wesentliche erfinderische Erfahrungen verfügte, hatte an seinem

*Lenoir*schen Modellmaschinchen nicht nur das Viertaktverfahren entdeckt, sondern auch die Beobachtung gemacht, daß bei geringer Füllung der Kolben durch die nach der Zündung erfolgten Expansion etwas herausgetrieben worden war, jedoch dadurch, daß sich dabei die Gase abkühlten, infolge des entstehenden Unterdruckes bei gleichzeitigem Druck der atmosphärischen Luft wieder in den Zylinder hineingesaugt wurde. Andererseits hatte *Otto* bei dem von ihm entwickelten vierzylindrigen Viertaktmotor zur Kenntnis nehmen müssen, daß die Wucht der Explosion trotz des zwischen Flieger- und Arbeitskolben eingeschalteten Luftpolsters zerstörerischen Charakter hatte.

War es angesichts dieser Erfahrungen ein Wunder, wenn *Otto* nun darüber nachsann, ob nicht eine Kombination dessen, was zu positiven Erscheinungen geführt hatte, in einer neuen Maschine möglich war? Man mußte doch den Schlag der Explosion zuerst in einem außerhalb der Maschine angeordneten Gefäß auf ein größeres Luftkissen und dann – von rückwärts – auf den Arbeitskolben wirken lassen können, auf dessen Gegenseite Unterdruck herrschte, um auf diese Weise eine stetige und beherrschte Lenkung der freiwerdenden Kraft zu erreichen. Auf alle Fälle mußten die schweren Stöße der Gasexplosionen von Kolben und Kurbelgetriebe ferngehalten werden. Und das war nur dadurch möglich, daß man die durch die Explosion hervorgerufene Drucksteigerung mit ihrer schädlichen Wirkung verpuffen lassen mußte und lediglich den Unterdruck zum Antrieb nutzte.

Das waren in maschinentechnischer Hinsicht insofern kühne Gedanken, als *Otto* dadurch das Triebwerk, das zuerst der Kraft der Explosionen entzogen wurde, kurz darauf der Wirkung des im Verbrennungsraum herrschenden Unterdruckes aussetzen wollte. Dazu kam, daß als Bindeglied ebenfalls ein Fliegerkolben eingeschaltet werden und die Maschine nun einen senkrecht stehenden Zylinder erhalten mußte, da der fliegende Kolben durch seine Schwerkraft die Verbrennungsgase austreiben sollte. Er mußte durch die Explosion emporgeworfen werden, um den oberen Teil des Arbeitszylinders zu entleeren, damit der Kolben beim Abwärtsgang den Druck der Atmosphäre auf Kurbeltrieb und Schwungrad übertragen konnte.

Den Winter 1862/63 über war *Otto*, obzwar im Maschinenbau

noch recht unerfahren, mit der Konstruktion dieser auf der motorischen Ausnutzung des Unterdruckes und in der äußeren Gestaltung auf der Dampfmaschine beruhenden Gaskraftmaschine beschäftigt. Unablässig wurde gerechnet, gezeichnet, geprüft, verworfen und wieder von neuem begonnen, bis die notwendigen Zeichnungen fertiggestellt waren. Dann übergab der Erfinder den nicht minder schwer zu lösenden Auftrag zur praktischen Ausführung wiederum dem Mechaniker *Zons*, der in der Zwischenzeit mit seiner Werkstatt in die Herzogstraße übersiedelt war.

Anfang März 1863 war die atmosphärische Kurbelmaschine fertiggestellt. Sie wies, gleich der stehenden Dampfmaschine, im senkrecht stehenden Zylinder einen an die darüber angeordnete Kurbelwelle angelenkten Arbeitskolben und einen innerhalb bestimmter Grenzen von diesem unabhängig beweglichen Fliegerkolben auf. Die zwischen den beiden Kolben befindliche Luft wurde, sobald sich der Fliegerkolben nach der elektrisch herbeigeführten Zündung durch die Expansion aufwärts bewegte, durch ein Ventil ausgetrieben, das sich anschließend unter dem Druck der Atmosphäre wieder schloß. Danach wurde der Arbeitskolben durch den infolge Expansion und Abkühlung der Verbrennungsgase unter dem Fliegerkolben im Zylinder erzeugten Unterdruck abwärts getrieben. Dabei entstand in der hohlen Kolbenstange des Arbeitskolbens und der in ihr geführten Stange des fliegenden Kolbens ein Luftkissen, das die auftretenden Stöße aufnehmen sollte.

Unverzüglich nahm *Otto* an der neuen Maschine die Versuchsarbeit auf. Dabei konnte er zu seiner Freude feststellen, daß dieser Motor bedeutend weniger Gas verbrauchte, da die atmosphärische Luft einen Teil der Arbeit übernahm. Nach einer Reihe von Versuchen fest davon überzeugt, damit der endgültigen Lösung bereits nahe zu sein, stellte er, um die Sicherung seiner Rechte besorgt, bereits am 16. April bei dem Königlich-Preußischen Handelsministerium in Berlin den Antrag auf Patentierung. Aber die mit dem Gutachten beauftragte Technische Deputation für Gewerbe lehnte ihn ab, da das atmosphärische Prinzip bekannt und die Verschiedenheit gegenüber der bekannten Atmosphärischen Dampfmaschine zu gering sei und außerdem bestimmte technische Details nicht genau beschrieben worden wären.

Daraufhin entgegnete *Otto*, daß ihm durchaus bekannt sei,

daß die von ihm entwickelte Maschine nach dem gleichen Prinzip arbeite, wie die Atmosphärische Dampfmaschine, weshalb er auch kein Patent auf ein neues Verfahren erbeten habe, sondern auf seine Konstruktion,

welche in einzelnen Teilen wohl neu und eigenthümlich genannt werden dürfe ... Durch diese bleibe ich nach seit mehreren Jahren mannigfach getroffenen Einrichtungen nicht mehr bei bloßen Versuchen stehen, sondern habe eine sich wirklich praktisch bewährende Maschine gebaut. Eine solche ist seit mehreren Monaten fortwährend in Thätigkeit und habe ich die Überzeugung gewonnen, daß sie der Industrie von erheblichem Nutzen werden wird ...

Trotzdem erhielt *Otto*, der inzwischen in anderen deutschen Bundesländern, ja selbst in England, Frankreich und Belgien ein Patent auf seine Maschine erhalten hatte, Anfang Oktober vom Königlich-Preußischen Handelsministerium abermals einen ablehnenden Bescheid. Dieser löste in ihm die Befürchtung aus, die Bauweise seines bei Mechaniker *Zons* stehenden Motors könnte, zumal Preußen nun einmal der gewerbereichste deutsche Staat war, Interessenten bekannt und – da er hier durch kein Gesetz geschützt war – ohne Bedenken nachgebaut werden. Deshalb entschloß er sich, zumal sich auch die Einrichtungen in *Zons* Werkstatt für die Herstellung einer derartigen Maschine inzwischen als nicht mehr ausreichend erwiesen hatten, in einem gemieteten Raum am Gereonswall 61 eine Werkstatt auf eigene Kosten einzurichten. Gleichzeitig versicherte er sich der Verschwiegenheit des Mechanikers, der über alle Einzelheiten des Motors Bescheid wußte, durch ein Abkommen und die Gewährung eines Darlehens von 400 Talern.

Bei den in der eigenen Werkstatt durchgeführten weiteren Versuchen zeigte sich, daß *Ottos* Optimismus hinsichtlich der praktischen Verwendbarkeit des Motors wenig begründet war. Immer wieder traten bei der Maschine während des Laufes Störungen auf. So ging vor allem infolge des aufwendigen Mechanismus' der eigentliche Arbeitsrhythmus nicht mit zwangsläufiger Gleichmäßigkeit vor sich. Jedenfalls war der Motor alles andere als praxisreif, da er gerade auf Grund seiner Kompliziertheit überaus störanfällig war. Damit ergab sich gleichzeitig, daß zu seiner Vervollkommnung noch umfangreiche finanzielle Mittel notwendig waren, über die der junge Erfinder,

der sich für die durchgeführten Vorversuche ohnehin bereits 3000 Taler geborgt hatte, nicht mehr verfügte. *Otto* mußte erkennen, daß die Entwicklung einer Erfindung bis zur Fabrikationsreife nicht nur technisches Können und große Erfahrungen erforderte, sondern – was nicht weniger wichtig ist – eine entsprechende finanzielle Basis. Er brauchte einen Geldgeber. Diesem bedeutete, wie er wußte, der Erfinder zwar meist recht wenig, dafür die Erfindung um so mehr, da sie ihm allein zu Profit und Macht verhelfen konnte. Deshalb hatte schon so mancher mit unterschiedlichsten Mitteln versucht, Erfindungen ganz in seine Hand zu bekommen. Aus dieser Befürchtung heraus wandte sich der in schwere finanzielle Bedrängnis Geratene in der Hoffnung, von hier am ehesten Hilfe zu erhalten, an den Mann seiner in Antwerpen lebenden Nichte *Lisette*, um ihm gegen eine entsprechende finanzielle Unterstützung die Teilhaberschaft an seiner Erfindung anzutragen. Doch der jedes Risiko scheuende Kaufmann *Karl Huth* lehnte freundlich, aber entschieden ab.

Das war für *Otto* insofern eine große Enttäuschung, als er auch von Bruder *Wilhelm*, der infolge schlechten Geschäftsganges selbst in eine mißliche Lage geraten war, keine Hilfe erwarten konnte. Deshalb atmete er auf, als sich, durch Freunde vermittelt, im Februar 1864 Ingenieur *Eugen Langen* (1833–1895), ein Kölner Unternehmer, der die Entwicklung und Nutzung neuer Erfindungen förderte, bereit erklärte, ihm bei der weiteren Vervollkommnung der Maschine zu helfen. Dies nicht zuletzt deshalb, weil *Eugen Langen* als ehemaliger Schüler des Begründers der wissenschaftlichen Kinematik Professor *Ferdinand Redtenbacher* und Studienfreund von Professor *Franz Reuleaux* (1829–1905) vom Polytechnikum Zürich nicht nur in der Lage war, die notwendigen finanziellen Mittel zu beschaffen, sondern auch über besondere technische Kenntnisse und Fähigkeiten der Konstruktion verfügte und außerdem zahlreiche weitgespannte Verbindungen in alle Welt hatte.

Da *Eugen Langen* um den Ruf der Kleinindustrie, des Gewerbes und des Handwerks nach einer kleinen, jederzeit einsetzbaren Kraftmaschine wußte und hinter diesem Unternehmen auch ein großes Geschäft wittern mochte, kam es bereits am 31. März 1864 zur Gründung der Kommanditgesellschaft „N. A.

Otto & Cie.“ in Köln, der ersten Motorenfabrik der Welt, für die in dem in der Servasgasse 2 gelegenen mittelalterlichen Gebäude der „Nikolaus-Mühle“ einige Räume gewonnen wurden. Nach dem in diesem Zusammenhang abgeschlossenen Vertrag wurde *Otto*, der als alleinhaftender Teilhaber vor allem seine Erfahrungen, Maschinen und Werkzeuge einbrachte, an dem zu erwartenden Gewinn der Gesellschaft, den man zunächst nur zur „Befestigung des ganzen Geschäftes“ verwenden wollte, mit drei Fünfteln beteiligt.

Hier, nahe dem Rheinufer, setzte nun die durch einige Schlosser nachhaltig unterstützte Zusammenarbeit mit dem Ziel ein, auf schnellstem Wege eine für die Praxis reife Maschine zu entwickeln. Dabei wurden von allem Anfang an die abweichenden Blickrichtungen der beiden Vertragspartner sichtbar. *Nicolaus August Otto*, der – juristisch gesehen – infolge seiner Mittellosigkeit mehr oder weniger fiktiv finanziell verpflichtet und auch seiner ganzen Veranlagung nach kein Unternehmertyp war, nahm die Stellung des kaufmännischen Leiters ein, als der er einen guten Überblick über Produktion und Vertrieb haben, im Aufsichtsrat das Protokoll führen, den Geschäftsbetrieb überwachen und die Bilanz redigieren mußte. Außerdem wollte er mit noch größerer Energie seine Versuchsarbeiten an dem Motor fortführen. Während er, der weniger auf Menschen zu wirken vermochte, zu einem „sorgsamen Verwalter des ihm anvertrauten Gutes“ wurde, waren die Augen des erfahrenen Konstrukteurs und eigentlichen Leiters des Unternehmens *Eugen Langen*, dessen von rastloser Aktivität getragene „Geschäftstüchtigkeit“ und aus einer breiten Kenntnis des Wirtschaftslebens resultierende Weitsicht sich auch hier bewähren sollte, auf eine gefälligere äußere Gestaltung des Motors und dessen Einführung und gewinnbringende Ausbeutung gerichtet. Während also *Langen* die Erfahrungen des Autodidakten *Otto* im Experimentieren zugute kamen, regte diesen der tägliche Umgang mit seinem technisch gut geschulten Partner zu einem Denken mit neuen Begriffen an, was dazu führte, daß sich der Erfinder mit dem neuen Wissensbereich der technischen Thermodynamik beschäftigte, um daraus Nutzen für seine Arbeit zu ziehen. Und obgleich es ihm infolge nicht ausreichender mathematischer Kenntnisse nicht gelang, bis zum Kern dieser Wissenschaft vorzudringen, vermochte er dennoch von nun an viele Anregungen aus Diagrammen zu schöpfen. Ja, er war bald in der Lage, den im Motorzylinder zu erwartenden Druckverlauf vorher zu bestimmen. Und das beflügelte ihn bei seiner Arbeit.

Bald gelangten beide Partner zu der Erkenntnis, daß der Kurbelmechanismus der neuen Maschine ihrer Arbeitsweise nicht völlig gerecht wurde. Er schrieb dem Kolben den Weg vor, ohne Rücksicht auf den außerordentlichen stürmischen Verlauf der Explosionsphase zu nehmen. Zwar vermochte der eingebaute Fliegerkolben die dadurch eintretenden zeitlichen Unstimmigkeiten etwas zu überbrücken, aber er war keineswegs in der Lage, die angestrebte beste Kraftausnutzung zu garantieren. Die beiden mußten nicht nur feststellen, daß die Übertragung der Kraft auf die Arbeitswelle der Maschine die Kardinalfrage darstellte, sondern erkannten auch, daß der Kolben, sobald er, wie aus einer Kanone geschossen, durch die Explosion hochgeschleudert wurde, unter keinen Umständen auf die Welle direkt wirken durfte und somit von dem Getriebe getrennt werden mußte. Die Arbeitsleistung durfte vielmehr erst dann auf die Welle übertragen werden, wenn der äußere, langsamer wirkende Luftdruck den Kolben herabdrückte.

Allerdings erwies sich die praktische Verwirklichung des Überganges von der Kurbel- zur Flugkolbenmaschine als überaus schwierig. Zwar war für das hierzu erforderliche Getriebe bald ein Klinkenmechanismus entwickelt, aber dieser bewährte sich schlecht, weshalb sich *Langen* an seinen Freund *Franz Reuleaux* mit der Bitte wandte, ihn durch dessen konstruktive Weiterentwicklung zu unterstützen. Bereits am 2. August 1864 traf die Konstruktion dieses „kinematischen Kunstwerkes" in Köln ein. Allerdings mußte man hier feststellen, daß die von *Reuleaux* in Zeichnung und Schreiben dargelegten Gedanken teilweise unausführbar waren. So konnte insbesondere die vorgeschlagene horizontale Bauart der Maschine nicht verwirklicht werden, weil auf die Schwerkraft des Kolbens, auf deren Nutzung es vor allem ankam, für das Ausschieben der Abgase unter keinen Umständen verzichtet werden konnte. Deshalb sah man sich gezwungen, selbst weiter nach einer Lösung zu suchen.

Kurze Zeit darauf glaubte *Eugen Langen* feststellen zu können, daß die Hälfte des Kapitals, das er in das unsicherer denn je erscheinende Unternehmen eingebracht hatte, als verloren angesehen werden konnte und er somit laut Vertrag berechtigt war, die gegründete Kommanditgesellschaft aufzulösen. Dadurch erlebte die Zusammenarbeit ihre erste schwere Krise, um deren Beilegung *Otto* so lange bemüht war, bis man sich dahingehend einigte, die mit so viel Hoffnung aufgenommene gemeinsame Arbeit bei gleicher Beteiligung an dem zu erwartenden Erfolg fortzusetzen und alle neuen Patente auf die Namen beider Partner zu nehmen.

Anfang Dezember 1865 konnte *Eugen Langen* Professor *Reuleaux* mitteilen, daß es ihm endlich gelungen sei, ihrer Maschine „ein Schaltwerk zu geben, welches wenn auch nicht vollständig stumm, so doch hinreichend geräuschlos" arbeite. In dem gleichen Schreiben ließ er seinen Freund außerdem wissen:

Unsere Maschine gab heute bei einem Bremsversuch eine Kraft von 1,6 Pferden und konsumierte pro Pferd und Stunde 30 cbfß Gas, also etwa ein Drittel von dem, was *Lenoir* braucht ... Die Kurbel fällt fort und die Bewegung des Kolbens auf die Achsen wird übertragen dadurch, daß die Stange gezahnt in ein auf der Achse befindliches Zahnrad eingreift ...

Auf die von den beiden Erfindern am 8. Februar 1866 beim Königlich-Preußischen Handelsministerium eingereichte Anmeldung zum Patent empfiehlt die um ein Gutachten angesprochene Technische Deputation, innerhalb der *Franz Reuleaux* einen erheblichen Einfluß hatte, dem preußischen Ministerium die Patentierung mit Schreiben vom 20. März 1866:

... Die atmosphärische Maschine ist daher nach ganz anderem Prinzip konstruiert, und da sie auch in ihrer Konstruktion von den uns bekannt gewordenen Maschinen wesentlich abweicht, so nehmen wir keinen Anstand, die Erteilung des erbetenen Patentes zu befürworten und folgende Patentformel in Vorschlag zu bringen: „auf eine nach der vorgelegten Zeichnung und Beschreibung für neu und eigenthümlich erachtete Gaskraftmaschine"... Es wird nämlich die Wirkung der Explosion nicht direkt als motorische Kraft, sondern nur dazu benützt, den leergehenden Kolben aufwärts zu schnellen und unterhalb desselben durch die Ausdehnung des Verbrennungsproduktes eine geringere Spannung im Zylinder zu erzeugen als die atmosphärische Luft, welche von oben den Kolben drückt, und denselben, im höchsten Punkte angelangt, mit einem Druck gleich der Differenz der beiden Spannungen wieder abwärts treibt ...

Als am 21. April 1866 für die Dauer von fünf Jahren ein preußisches Patent erteilt wurde, war ein entscheidender Schritt getan, durch den nicht nur der Maschine der Weg gebahnt, sondern darüber hinaus auf die weitere industrielle und wirtschaftliche Entwicklung in der ganzen Welt ein wesentlicher Einfluß ausgeübt wurde.

In dieser Zeit, in der der preußische Kanzler *Bismarck*, von dem Adel und einem Teil des Bürgertums unterstützt, dabei war, die Vereinigung Deutschlands unter Führung Preußens durch „Blut und Eisen" herbeizuführen, brach auf Grund der gespannten Lage in Schleswig-Holstein zwischen Preußen und Österreich der Krieg aus. Über diese Entwicklung war man in der Kölner Motorenfabrik insofern besorgt, als man wegen der möglichen Störungen im Wirtschaftsleben nun um den Absatz der in Herstellung begriffenen Maschinen bangte. Als in der Schlacht bei Königgrätz die Führungsrolle Preußens in Deutschland militärisch gesichert wurde, ging man unter der so geschaffenen neuen wirtschaftlichen Perspektive mit verstärkter Kraft an die Werbung für die atmosphärische Maschine. Für diese hatte *Otto* inzwischen eine weitere Neuheit erfunden, die darin bestand, daß er an Stelle der bisher zur Zündung verwendeten elektrischen Batterie eine kleine Gasflamme setzte, die nach dem Ansaugen der Gasladung durch den Steuerschieber in den Zylinder geschleußt wurde, um den Verbrennungsvorgang einzuleiten. Dadurch wurde das durch ungleichmäßige Mischung von Gas und Luft oft hervorgerufene Aussetzen der Zündung behoben und damit „der Schlußstein der langwierigen Entwicklungsarbeiten am betriebssicheren Atmosphärischen Motor" gesetzt.

Zur Ruhe kam man in Köln trotzdem noch nicht. Bereits im Oktober 1866 traf bei *Eugen Langen* ein Brief von Professor *Reuleaux* ein, durch den *Otto* nicht weniger gedrängt wurde, hieß es hier doch:

Jetzt wird doch hoffentlich eine Maschine oder ganze Reihenfolgen von Maschinen angefangen und mit einer Veröffentlichung hervorgetreten. Hast Du die Maschine für die Ausstellung Paris angemeldet?

Nach Monaten fieberhaften Schaffens, in denen ein Motor hergestellt und in Paris, der Stadt der Weltausstellung 1867,

in großer Hast montiert worden war, bewegte sich ein Besucherstrom durch die Ausstellungshalle, wo ein an den Säulen einer Transmission befestigter Werbespruch verkündete:

Der Gasmotor System *Otto* ist vorteilhafter als die Dampfmaschine!

Hier, wo auch die inzwischen weiterentwickelten Gasmotoren *Hugons* und *Lenoirs* ausgestellt waren, erregte die kleine Kölner Maschine, die nach leichtem, durch *Otto* persönlich vorgenommenem Anwerfen gut ansprang und bei einer Drehzahl von 80 bis 100 min^{-1} ebenso gut lief, zunächst nur dadurch ein gewisses Aufsehen, daß „Konstruktion und Arbeitsweise, verbunden mit lärmendem Geräusch“ auffielen. Es waren recht wenige, die sich Zeit nahmen, den Motor auf seine Bau- und Wirkungsweise hin zu betrachten. Sie bestand nach einer Reihe von Veränderungen nun darin, daß sich in einem senkrecht stehenden Zylinder ein Kolben bewegte, dessen gezahnte Kolbenstange mit einem Zahnrad zusammenarbeitete, das sich in einer Richtung frei auf der Motorwelle drehen konnte, während der Einlaß des Gases von einer durch Zahnräder von dieser angetriebenen Steuerwelle betätigt wurde. Wurde der Kolben angehoben, trat das Gas-Luft-Gemisch in den Zylinder ein, das am Ende des Hubes durch eine außerhalb des Zylinders brennende und von einem Schieber gesteuerte Gasflamme entzündet wurde, worauf der Kolben mit Zahnstange unter der Wucht der Explosion bis an das obere Ende des Zylinders hochgeworfen wurde. Hier verharrte er für Bruchteile einer Sekunde, um dann – da durch die rasche Abkühlung der Gase inzwischen unter dem Kolben ein Unterdruck entstanden war – unter dem äußeren Luftdruck und der Wirkung der Eigenmasse des Kolbens langsam wieder in seine Ausgangslage gepreßt zu werden. Dabei trieb im Innern eines auf der Motorwelle laufenden Zahnrades die jetzt eingreifende Kupplung die Hauptwelle an, wodurch es bei diesem Kolbenweg zur Arbeitsleistung kam.

In der Beurteilung der Maschine waren sich die Fachleute zunächst nicht einig. Immerhin sah der Berichterstatter des Vereins Deutscher Ingenieure in ihr die „Anfänge einer Erfindung, welche für den kleinen Gewerbebetrieb von der weitgehendsten Bedeutung zu werden verspricht“. Ansonst wäre das unansehnliche Kölner Maschinchen von der Jury der Weltausstellung am liebsten übergangen worden, hätte der inzwischen an der Berliner Gewerbeakademie wirkende Professor *Franz Reuleaux* als Vertreter Preußens · im Preisrichterkollegium nicht darauf gedrungen, an den 14 ausgestellten Gasmotoren vergleichende Messungen anzustellen. Dabei stellte sich zur größten Überraschung aller Mitglieder der Jury heraus, daß die Atmosphärische Gasmaschine von *Otto* und *Langen* für die Pferdekraftstunde nur einen Gasverbrauch von 0,9 bis 1 m^3 hatte, während die *Lenoir*schen Motoren nicht weniger als 2,8 bis 3 m^3 und die *Hugon*schen Maschinen sogar 3,2 m^3 verbrauchten. Ja, der Verbrauch an Schmieröl betrug bei dem *Otto-Langen*schen Motor nur ein Zehntel des Verbrauchs der *Lenoir*schen Maschine, bei der sich die zur Zündung verwendeten galvanischen Elemente

Abb. 4. Die auf der Pariser Weltausstellung von 1867 gezeigte Atmosphärische Gasmaschine von *N. A. Otto* und *E. Langen*

gegenüber der *Otto*schen Flammenzündung kostenmäßig fünfmal so hoch stellten. War es angesichts dieser Ergebnisse – bei der Kölner Maschine wurde ein Wirkungsgrad von nicht weniger als 14,1% ermittelt – ein Wunder, wenn die verblüfften Anhänger *Lenoirs* den Fußboden rings um die Maschine dahingehend untersuchten, ob diese nicht durch eine versteckte zweite Gasleitung zusätzlich gespeist werde!
Da damit der Beweis erbracht wurde, daß es sich hier um die bisher mit Abstand wirtschaftlichste der vorgestellten Wärmekraftmaschinen handelte, sah sich die Jury gezwungen, an den Atmosphärischen Gasmotor von *Otto* und *Langen* die Goldene Medaille zu vergeben.
Damit war dank der fruchtbaren Zusammenarbeit zwischen *Nicolaus August Otto* und *Eugen Langen* ein durchschlagender Erfolg errungen. Nun erschienen, von *Franz Reuleauxs* Propaganda ausgelöst, in den Fachblättern der ganzen Welt begeisterte Berichte über die Kölner Maschine. Daraufhin erreichte den Betrieb nicht nur eine Flut von Anfragen, sondern bis Ende August des Jahres 1867 Bestellungen auf nicht weniger als 22 Motoren, die „alle als Fühlhörner in die Welt gehen und nicht zwei Stück an demselben Platz", davon einige sogar nach Wien, Budapest und New York. Der Durchbruch mit dem Atmosphärischen Motor schien endgültig gelungen zu sein. Voller Stolz sah *Otto* seine Idee verwirklicht und vor aller Welt anerkannt.

2.3. Die Entwicklung des Viertaktmotors mit Fremdzündung

Fest davon überzeugt, daß der Einführung des Atmosphärischen Motors nichts Ernsthaftes mehr im Wege stehen würde, entschloß sich nun *Nicolaus August Otto*, den bisher selbst einige seiner Verwandten als einen „erfolglosen Plänemacher" angesehen hatten, endlich zu heiraten, nachdem seine Braut *Anna Gossi* nicht weniger als zehn Jahre auf ihn warten mußte und deshalb nicht selten verstimmt war. Als das Paar am 23. Mai 1868 in der kleinen Maternus-Kirche in Rodenkirchen getraut worden war, bezog es das in der Allerheiligenstraße in Köln gelegene und recht bescheiden eingerichtete Heim.
Als Mitte September des gleichen Jahres mit der serienmäßigen

Herstellung der Maschine begonnen wurde, wobei lediglich das Äußere eine gefälligere Form erhielt, glaubte man in der Kölner Gasmotorenfabrik, die auf Grund der ständig wachsenden Bestellungen notwendige Erhöhung der Produktion durch die Vergabe von gewinnbringenden Lizenzen mit Hilfe guter Maschinenfabriken vornehmen zu können. Aber man hatte sich geirrt. Da diese Fabriken meist weder über gleichwertige Arbeitsmaschinen noch über qualifizierte Facharbeiter verfügten, die derartige Motoren ohne Schwierigkeiten hätten anfertigen können, traten bei deren praktischem Betrieb die unterschiedlichsten Mängel auf. Klagen über Klagen wurden laut, und nicht wenige der ausgelieferten Motoren wurden, soweit deren Verwendbarkeit nicht durch entsprechende Nacharbeit an Ort und Stelle verbessert werden konnte, als unbrauchbar an die Hersteller zurückgeschickt. So mußte denn die Leitung der Gasmotorenfabrik in Köln enttäuscht erkennen, daß der Bau und die Erprobung des von ihr entwickelten Motors nur im eigenen Unternehmen sachgemäß erfolgen konnte.

Deshalb wurde, nachdem in dem Kaufmann *Ludwig August Roosen-Runge* (1834–1910) ein zahlungskräftiger Teilhaber gefunden war, nach erfolgter Liquidation der alten Gesellschaft die Firma „*Langen, Otto & Roosen*“ gegründet und an der Chaussee vom Vorort Deutz nach Mühlheim eine den gestiegenen Anforderungen der Fabrikation entsprechende Motorenfabrik errichtet. Der in diesem Zusammenhang abgeschlossene Vertrag ließ *Otto*, da *Langen* den Atmosphärischen Motor bereits als die endgültige Lösung des Motorenproblems ansah, zum jederzeit kündbaren und auf das Wohlwollen der Teilhaber angewiesenen Angestellten herabsinken. Das traf den Erfinder um so schwerer, als er, infolge einer übernommenen Bürgschaft für seinen Bruder *Wilhelm*, gegenüber der neuen Gesellschaft mit 18000 Talern verschuldet war und – vom unerschütterlichen Willen angetrieben, den Motor weiter zu vervollkommnen – unter dem Zwang der Mittellosigkeit keine Möglichkeit sah, seinen eigenen Weg gehen zu können.

Als es nach dem Sieg Preußens und der mit ihm verbündeten deutschen Länder über Frankreich zur sogenannten Reichseinigung kam und Deutschland damit einen zusammenhängenden inneren Markt, einheitliche Maße und Gewichte erhielt und die von Frankreich erpreßte Kontribution in Höhe von fünf Milliarden Goldfranc in die deutsche Wirtschaft floß, schossen im sprichwörtlichen „Gründungsfieber" einer außerordentlich stürmisch einsetzenden industriellen Entwicklung über tausend neue Aktiengesellschaften wie Pilze aus dem Boden, wobei allerdings ein großer Teil von ihnen infolge des Gründerkrachs schon 1873 wieder zusammenbrach.

In dieser Zeit, da der in starke Abhängigkeit geratene Teilhaber der Gasmotorenfabrik *Roosen-Runge* enttäuscht wieder aus der Firma ausgetreten war, entschloß sich auch *Eugen Langen*, der die „Morgenluft der Konjunktur" wittern mochte, das Unternehmen auf ein breiteres Fundament zu stellen. Das sollte durch das Einfließen größerer finanzieller Mittel und die dadurch mögliche Vergrößerung des Werkes erreicht werden, um infolge der laufend wachsenden Nachfrage die Produktion weiter erhöhen zu können. Als *Langen* in seinen Brüdern *Gustav* und *Jacob* sowie *Emil* und *Valentin Pfeifer* neue finanzkräftige Teilhaber fand, wurde am 5. Januar 1872 die neue Gesellschaft als „Gasmotorenfabrik Deutz AG" gegründet, innerhalb der *Eugen* und *Gustav Langen* und *Otto* als Direktoren wirken sollten. Während *Otto* abermals mit der Leitung der kaufmännischen Geschäfte und der Weiterentwicklung des Motors beauftragt wurde, ließ es der steigende Umfang der Bestellungen bald ratsam erscheinen, für die technische Leitung einen Direktor einzustellen, der auf Grund seiner fertigungstechnischen Erfahrungen in der Lage war, den betriebsreifen Motor nun auch wirtschaftlich herzustellen. Hierfür wurde der Direktor der Maschinenbau-Gesellschaft Karlsruhe, *Gottlieb Daimler* (1834–1900), gewonnen, dem als Kenner von *Lenoirs* „Wundermotor" die ihn erwartende Problematik keineswegs fremd war und der – von der allmählich einsetzenden Motorisierung angezogen – zweifellos voraussah, welche Entwicklungsmöglichkeiten der Verbrennungsmotor hatte. Deshalb stellte er von vornherein die Bedingung, seinen besten Mitarbeiter und Freund *Wilhelm Maybach* (1846–1929) mitbringen zu können, der später als „Chef des Construktionsbüros" eingesetzt wurde.

Während das Unternehmen nun einen mächtigen Aufschwung nahm, traten zwischen einzelnen Mitgliedern der Direktion starke Spannungen auf, insbesondere zwischen *Daimler* und *Otto*, zumal es sich hier um zwei stark ausgeprägte, völlig gegensätzliche Charaktere handelte. War *Daimler* ein typischer Spezialist der mechanischen Fertigung, der mit „an Starrsinn grenzender Willenskraft" in den Werkstätten schaltete und waltete, handelte es sich bei *Otto*, dessen Gedankenarbeit bisher in aller Stille und in recht engen Bahnen vor sich gegangen war, um eine überaus empfindsame Natur, die sich gegenüber dem schroff zupackenden Schwaben mißtrauisch abschloß. Daran änderte sich auch nichts, als beide in einem vom Werk zur Verfügung gestellten Doppelhaus Wand an Wand wohnten, zumal *Daimlers* Art immer wieder von neuem das Mißtrauen des intuitiv arbeitenden Erfinders schürte und dieser, obwohl er oft den besten Willen dazu haben mochte, außerstande war, die immer stärker zutage tretenden Gegensätze rechtzeitig durch eine klärende Aussprache auszugleichen. *Nicolaus August Otto*, der wegen seiner sprichwörtlichen Überempfindlichkeit als „Mensch ohne Haut" charakterisiert wurde, trug vielmehr oft lange eine unverkennbare Verstimmung mit sich herum, bevor es zu einem jähen Ausbruch kam. Dieses Verhalten im persönlichen Verkehr führte in dieser Zeit sogar so weit, daß *Otto* aus der Befürchtung heraus, seine erfinderischen Gedanken könnten *Daimler* bekannt werden, sein Arbeitszimmer beim Verlassen immer abschloß und sich ihm gegenüber meist abweisend verhielt. So waren und blieben denn die beiden, wie *Eugen Langen* im Hinblick auf die notwendige Zusammenarbeit zu seinem Leidwesen feststellen mußte, in ihrem Verhältnis zueinander wie „Feuer und Wasser".

Trotzdem mußte die Arbeit, durch eine erneute räumliche Ausdehnung des Werkes wesentlich gefördert, in Deutz vorangehen, galt es doch bis zum Ablauf des bis zum Jahre 1874 verlängerten Patentes die Maschine wesentlich weiter zu entwickeln, da ohne neue Konstruktionsmerkmale eine abermalige Verlängerung nicht zu erwarten war. Diese Aufgabe wurde vor allem von *Maybach* gelöst. Sie bestand insbesondere in der Konstruktion eines Reglers, durch den die von Zahnrädern angetriebene Steuerwelle wegfiel, wodurch der Motor ein gefälligeres Aussehen erreichte und die Leistung von 2 auf 3 PS gesteigert werden konnte.

Allerdings wurde man den Forderungen der Praxis insofern noch nicht gerecht, als der Motor für den einfachen Handwerker immer noch zu teuer war und größere Betriebe wiederum noch höhere Maschinenleistungen benötigten. Dazu kam, daß die Verwendung der Maschine wegen des Leuchtgases nach wie vor auf Städte mit Gasanstalten beschränkt war. Damit wurden die Grenzen des Atmosphärischen Gasmotors überraschend sichtbar. Deshalb begann sich zu einem Zeitpunkt, da *Daimler* und *Maybach* immer noch glaubten, die Lösung dieser Frage unter anderem dadurch herbeiführen zu können, daß man den Atmosphärischen Motor weiterentwickelte, indem man ihn vor allem auf Petroleum umstellte, *Otto* gedanklich bereits von diesem Prinzip zu lösen und neue Projekte aufzugreifen, darunter die Vervollkommnung von Heißluftmaschinen. Diese schwierige Situation setzte Deutz geradezu in Erregung, als Professor *Reuleaux*, durch zu optimistische Voraussagen dazu verleitet, am 12. Juli 1875 über die Erfindung eines seiner Schüler voller Hast berichtete:

Stenberg, der Erfinder, hat das Patent zugesagt bekommen. Die Konkurrenz mit dieser neuen Luftmaschine kann die Gasmaschine nicht mehr bestehen ...

Dabei setzte er in Erinnerung an einen Vorschlag *Ottos*, der sich im Jahre 1871 abermals mit einem direkt und mit höherem Druck arbeitenden Motor beschäftigt hatte, nachdrücklich hinzu:

Was also zu geschehen hat, ist, daß sofort in Eurer Fabrik die Hochdruckmaschine hervorgeholt und in eine praktische Form gebracht wird ... Herr *Otto* muß auf die Hinterbeine gesetzt werden, Herr *Daimler* auf die vorderen meinetwegen. Aber es darf keine Zeit mehr versäumt werden ... Der Krieg ist da!

Und eine Woche später empfahl er:

Die Idee mit der langsamen Verbrennung in hohem Luftdruck ist gewiß ausbildbar, darauf soll sich *Otto* legen, da steckt was drin ...

Außerdem machte er den Vorschlag, *Otto* stärker als bisher für die Versuche einzusetzen und – da ihm die im Bereich der Direktion aufgetretenen ständigen Reibereien noch mehr bekannt geworden waren – *Daimler* zu entlassen. Daran konnte *Langen* jedoch zu diesem Zeitpunkt nicht denken. Allerdings wurde auf diesen Rat hin eine wichtige Entscheidung dahingehend getroffen, daß das Versuchswesen aus dem von *Daimler* geleiteten „Technischen Dienst" ausgegliedert und eine eigene Versuchsanstalt gegründet wurde, bei der *Otto*, der – wie *Langen* nun erkannte – am ehesten in der Lage war, neue Wege zu erschließen, nun freie Hand und ungehinderten Einfluß hatte. In diesem Rahmen wurden auch die von *Maybach* aufgenommenen Versuche mit Benzin fortgesetzt, bis der erste Atmosphärische Benzinmotor auf dem Versuchsstand lief.

Otto, der die Verwendung von leicht entzündlichen Flüssigkeiten ebenfalls niemals ganz aus dem Auge verloren hatte, wußte aber, daß auch diese Entwicklung keinen Ausweg aus der Situation darstellen konnte, da diese doch nach etwas grundsätzlich Neuem verlangte. Aber weder *Langen* noch die lediglich nach Gewinn strebenden Aktionäre waren nach Jahren des Suchens und Probierens bei dem ständig steigenden Absatz der Atmosphärischen Maschine zum Leidwesen *Ottos* geneigt, neue zeitraubende und kostspielige Experimente ausführen zu lassen. Wie sehr *Otto* aber schon seit langem nach neuen Lösungen gesucht hatte, geht aus einem Bericht von ihm hervor, in dem es rückschauend heißt:

Während der Jahre 1867 bis 1876 ließ ich es an zeitweiligen Versuchen nicht fehlen, ob nicht doch eine direktwirkende Gasmaschine zu bauen sei. Die atmosphärische Gaskraftmaschine war für mich ein offenes Buch und für die Versuche vorzüglich geeignet ... Jede einzelne Explosion, ob kräftig oder schwach, war deutlich zu erkennen, da ja durch diese Wirkung der Kolben mit einer Zahnstange in die Höhe geschleudert wurde. Je nach dem Grade des Gasreichtums war die Explosion eine äußerst heftige oder langsame. Bei schwachem Gemenge sah man oft nach einer geraumen Zeit, nachdem das Schwungrad schon eine Zahl von Umdrehungen gemacht hatte, den Kolben langsam in die Höhe steigen ... und ich kam zu der Überzeugung, daß für einen stoßfreien Gasmotor nur gasarme Gemenge benutzt werden könnten ...

Und bei seinen Versuchen an einem *Lenoir*-Motor machte er – wie ebenfalls aus seinen „Erinnerungen" hervorgeht – die Erfahrung, daß gasreiche Gemenge äußerst schnell verbrennen und daß diese Verbrennung sich mit dem Grade der Verdünnung verzögert. Deshalb ging es – so schlußfolgerte der Erfinder daraus – vor allem darum, die richtige Gemischbildung zu erzielen, um die Zündung, das abschließende Glied in der Kette des Verfahrens, sicher herbeizuführen und durch gesteuerte Verbrennung zu einer langsamen Kraftentfaltung zu kommen. Dieses Problem nahm *Otto* ganz gefangen. Bis ihm eines Tages eine ebenso alltägliche wie unscheinbare Naturbeobachtung zum Wegweiser wurde. Darüber berichtete er:

Diese Frage, wie man schwache Gemenge zünden könnte, beschäftigte mich sehr oft, und eines Tages, Anfang 1876, wiederum eine Lösung suchend, beobachtete ich den Rauch, der einem Fabrikschornstein entstieg. Zunächst denselben nur anschauend, wie das hundertmal früher auch geschah, und wie es wohl viele Leute vorher taten, brachte ich dann diesen Rauch mit dem Explosionsgemisch in Verbindung. Zunächst sagte ich mir, wenn dies ein Explosionsgemisch wäre, wie würde dieses aufflammen, wie würde sich diese Flamme bis in die weiteste Ferne fortpflanzen? Mit diesem Gedanken war mir die Erfindung gegeben. Ich sagte mir, zerstreue ein Explosionsgemisch in vorher angesaugter oder im Zylinder belassener Luft, dann wird sich ein Gemisch bilden, wie dir der Rauch heute zeigt. An der Ausströmstelle des Schornsteins dicht und von da ab entfernt mehr und mehr verdünnt ...

Otto erkannte, daß die Ladung im Zylinder seines Hochdruckmotors ebenso beschaffen sein mußte, wenn der von ihm befürchtete Explosionsstoß vermieden werden sollte. Auch hier mußte das Gemisch eine verschiedenartige Zusammensetzung aufweisen. Dabei kam der Zündung eines verdünnten Gemenges von 1:11 bis 1:13 zweifellos eine besondere Bedeutung zu. Sie mußte ohne Frage an der gasreichsten Stelle, der Ansaugöffnung, leicht und sicher erfolgen, worauf die Verbrennung „allmählich" auf die weiter entfernten, dünneren und schichtenartig gelagerten Gemischteilchen übergreifen und die früher ungebändigte Explosion dadurch stoßfrei den Kolben erreichen sollte.
Diesen Gedankengang hatte *Otto* später ebenso bildhaft wie humorvoll in die Worte gekleidet:

Wie muß man es verwerflicherweise anstellen, ein mit zahlreichen Stockwerken und Wohnungen ausgestattetes Haus mit den geringsten Mitteln vollständig und unrettbar in Brand zu setzen? Ich würde Sorge tragen, daß in den unteren Stockwerken des Hauses, dann in der ersten und zweiten Etage jeder Raum und jeder Winkel mit leidlich brennbaren Stoffen versehen wäre. Aber den Hausflur würde ich füllen mit Heu und mit Stroh und mit petroleumgetränkten Lappen. Um die oberen Stockwerke brauchte ich mich dann wenig zu kümmern ...

Bei weiteren Untersuchungen gelangte der von seinem Plan geradezu besessene Erfinder in seinem Bestreben, in das Wesen der Verbrennung einzudringen, zu der Erkenntnis, daß es sich beim Verbrennungsvorgang keineswegs um ein plötzliches Verbrennen des Brennstoffes handelte, sondern daß man bei ihm sehr wohl die Phasen der Entzündung, Fortpflanzung der Flamme und der eigentlichen Verbrennung unterscheiden konnte. Damit betrat er, ohne im Besitze der heute hierbei benutzten Hilfsmittel in Form der elektrischen Indizierung und Flammenfotografie zu sein, mehr vom Gefühl aus als von bekannten physikalischen und chemischen Gesetzen weitertastend, als erster den Weg zur Untersuchung des Verbrennungsprozesses. Bei diesem Vorstoß in unbekanntes Neuland wurde ihm klar, nachdem er bereits früher die Vorkompression der Ladung im

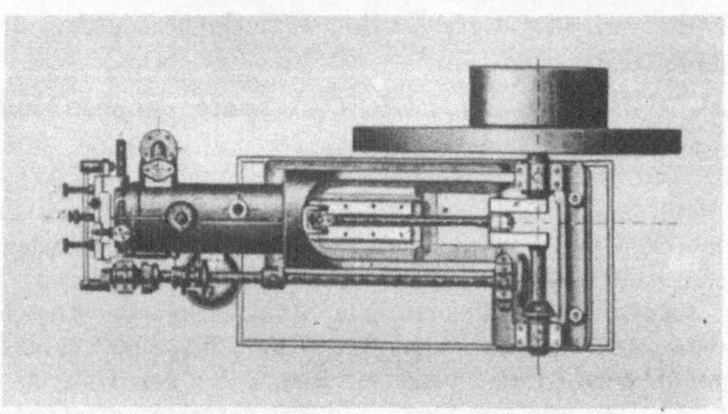

Abb. 5. Ansicht des Viertakt-Otto-Versuchsmotors von 1876

Arbeitszylinder als tatsächliche Ursache des geringeren Gasverbrauches und der dadurch bedingten Arbeitsfolge der im Viertakt arbeitenden, direkt wirkenden Gasmaschine erkannt hatte, daß die Beherrschung des Verbrennungsablaufs den gesuchten Schlüssel zur endgültigen Lösung des ganzen Motorenproblems darstellte.

Auf diesem Gedanken, der zu einem bisher nicht gekannten Fortschritt in der Motorentechnik führen sollte, beruht der Erfolg seines neuen Motors, von dem nach Wochen schwerer Arbeit bereits Ende Februar 1876 ein in Form und Konstruktion noch der Dampfmaschine ähnliches Versuchsmodell fertiggestellt wurde. Ein am 9. Mai aufgenommenes Arbeitsdiagramm, das seit diesem Tage als Charakteristikum aller Kolben-Verbrennungsmotoren angesehen wird, stellt die Geburtsurkunde des Verbrennungsmotors dar. Es weist bei einer Drehzahl von 180 min^{-1}, einem Gasverbrauch von 0,95 m^3/PSh, einer Leistung von 3 PS und einem Wirkungsgrad von 17% eine Verdichtung von 2,5 kp/cm^2 und einen Verpuffungsdruck von 5,5 kp/cm^2 auf.

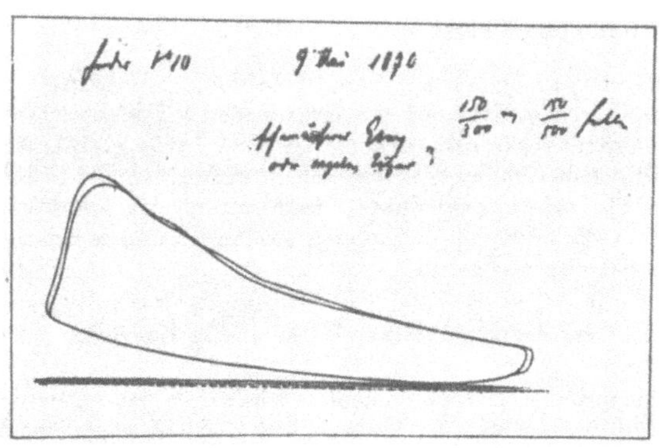

Abb. 6. Erstes Diagramm des Viertakt-Ottomotors von 1876

Von *Maybach* nach dem Vorbild des Versuchsmotors entworfen, ging „*Ottos* Neuer Motor“, der – in der knappen Zeit von einem halben Jahr entstanden – als „Ottomotor“ für alle mit Verdichtung der angesaugten Ladung und Fremdzündung arbeitenden Vergasermotoren in der technischen Wissenschaft zu einem feststehenden Begriff wurde, ab 1877 in alle Welt. Gleichzeitig wurde, nachdem inzwischen insgesamt 5000 Maschinen mit einer Leistung von 6000 PS ausgeführt worden waren, die Fabrikation des Atmosphärischen Motors eingestellt.

Was den von *Otto* entwickelten Viertaktmotor, die reife Frucht intensiven Nachdenkens, Suchens und Experimentierens, gegenüber der Atmosphärischen Maschine auszeichnete, war nicht zuletzt eine wesentliche Raum- und Gewichtsersparnis. Betrug bei dem Atmosphärischen Motor das Hubvolumen in der Sekunde noch 100 l/PS, so sank es bei den ersten Viertaktmaschinen auf 10 l, wodurch sich die Maschinenmasse von 1000 kg/PS gleich auf die Hälfte und später sogar auf ein Zehntel verringerte. Dazu kam, daß die Betriebskosten gegenüber denen der Atmosphärischen Maschine wesentlich geringer waren. Schließlich vereinfachte der bei diesem Motor verwendete Kurbeltrieb die Fabrikation und gestattete – was besonders wichtig war – den Übergang zu unvergleichlich höheren Drehzahlen und größeren Leistungseinheiten.

Der Grundgedanke von *Ottos* Viertaktmotor wurde, als Mitte des Jahres 1877 das Patent beantragt wurde, durch folgende Ansprüche charakterisiert:

1. In einem geschlossenen Raum brennbare, mit Luft gemischte Gase vor ihrer Verbrennung mit einer anderen Luftart in solcher Weise zusammenzubringen, daß die an einer Stelle eingeleitete Verbrennung von Gas- zu Gaskörperchen verlangsamend sich fortpflanzt, die Verbrennungsprodukte sowohl als die sie umhüllende Luftart durch die erzeugte Wärme sich ausdehnen und so durch Expansion Betriebskraft abgeben.
2. Die unter 1. ausgesprochenen Wirkungen zu erzeugen mit Gasarten, welche bis zur eingetretenen Verbrennung atmosphärische Spannung haben.
3. Die unter 1. ausgesprochenen Wirkungen zu erzeugen mit Gasarten, welche vor der Verbrennung mehr als atmosphärische Spannung haben.
4. Die Wirkungsweise des Kolbens im Zylinder eines Gasmotors mit Kurbelbewegung so einzurichten, daß bei zwei Umdrehungen der Kurbelwelle auf einer Seite des Kolbens die nachstehenden Wirkungen erfolgen:
   a) Ansaugen der Gasarten in den Zylinder,
   b) Kompression derselben,
   c) Verbrennung und Arbeit derselben,
   d) Austritt derselben aus dem Zylinder.
5. Die Konstruktion der Maschine, wie beschrieben ...

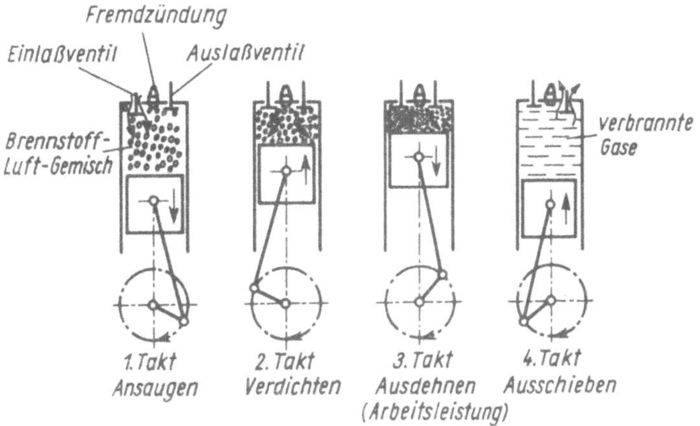

Abb. 7. Arbeitsprinzip des Viertakt-Ottomotors

Aus diesen Formulierungen wird sichtbar, daß *Otto* in der Überzeugung, mit seinem neuen Motor vor allem dadurch die endgültige Lösung gefunden zu haben, daß sie bei richtiger Zündung und geeigneter Gemischzusammensetzung durch eine entsprechende Steuerung des Verbrennungsvorganges die gefürchteten Explosionen ausschloß, die Bedeutung seiner noch größeren Entdeckung, der des Viertaktes, verkannt hatte, was ihm bei den später einsetzenden Patentanfechtungsprozessen nicht wenig schaden sollte.

Als im gleichen Jahr ein neues einheitliches Reichspatentgesetz in Kraft trat, wurden diese Patentansprüche mit dem DRP 532 geschützt, während das DRP 2735 einer Reihe von Verbesserungen am gleichen Motor Schutz bieten sollte, vor allem dem nach langen Versuchen für eine sichere Zündung entwickelten „Schußkanal".

Nun da der neue Motor bald darauf die gesamte Technik und Wirtschaft zu revolutionieren begann und damit eine völlig neue Epoche in der Kraftmaschinentechnik einleitete, wurde über ihn weltweit geschrieben und gesprochen. Während ihn die Zeitschrift „Engineering" als „beste Gasmaschine der Welt" bewertete, sagte *Wiecks* „Illustrierte Gewerbezeitung" dem „vollkommen geräuschlosen Motor" eine schnelle Verbreitung voraus. Auch angesehene Persönlichkeiten von Wissenschaft und Technik sparten jetzt nicht mit dem Lob. So stellte der an der Königlichen Gewerbeakademie in Berlin wirkende, international bekannte Theoretiker der Gasmaschine Dr. *Adolf Slaby* fest:

Der *Otto*sche Motor hat unbedingt allen anderen Konstruktionen den Rang abgelaufen ...

Und Professor *Franz Reuleaux* rief voller Begeisterung aus:

Die größte Erfindung im Kraftmaschinenfach seit *Watt*, die eine große Einwirkung auf das Kraftmaschinenwesen der Welt anbahnt und zum Teil schon bewirkt hat ...

Auch auf der Pariser Weltausstellung vom Jahre 1878 fand *Ottos* Viertaktmotor die ungeteilte Bewunderung aller Fachleute, während die hier noch ausgestellten Maschinen von *Lenoir* und *Hugon* über Nacht nur noch historischen Wert hatten. Alles in allem ist es, wie *Arnold Langen*, der Sohn *Eugen Langens*, schreibt:

Die Viertakt-Gemischmaschine von *Otto* trägt den Stempel der genialen Erfindung an sich, da sie die gestellte Aufgabe – Umsetzung von Wärmeenergie in äußere Arbeit – nicht nur mit hohem Nutzwert, sondern auch mit einfachsten Mitteln in einer Form löst, die eine allgemeine Verwendung ermöglicht ...

3. RUDOLF DIESEL UND DER NACH IHM BENANNTE VERBRENNUNGSMOTOR MIT VERDICHTUNGSZÜNDUNG

3.1. *Jugend, Studium und erste erfinderische Unternehmungen*

Rudolf Christian Karl Diesel wurde am 18. März 1858 in der Rue Notre Dame de Nazareth No. 38 in Paris geboren. Seine Vorfahren stammten aus Thüringen und aus Schwaben. Die ungünstigen Verhältnisse für das Handwerk und die Enttäuschung über die steckengebliebene Revolution von 1848 hatten den als Buchbinder tätigen Vater *Theodor Diesel* aus Augsburg vertrieben. Im September 1855 war er mit *Elise Strobel*, der Tochter eines Nürnberger Gürtlermeisters und Galanteriewarenhändlers, die Ehe eingegangen. Wenige Wochen nach der Geburt wurde der Junge für ein dreiviertel Jahr zu einer Bauernfamilie nach Vincennes in Pflege gegeben, damit bei der zu Hause betriebenen Heimarbeit für Saffianlederwaren alle Hände mit zugreifen konnten. Dann bezog die Familie die Wohnung 49 Rue Fontaineau–Roi. Obwohl der Vater auch hier nicht müde wurde, neue überraschende Muster zu ersinnen, brachte die „nie endende sorgenvolle Fron" infolge immer wiederkehrender Absatzstockungen wenig ein, so daß es im Hause stets an Geld mangelte. Damit stand die Situation der Familie *Diesel* ganz im Gegensatz zur glanzvollen Oberfläche der Weltstadt an der Seine, dieser ersten technisch-wissenschaftlichen Metropole des Kontinents mit ihren aufsehenerregenden Industrie- und Weltausstellungen und Hauptstadt eines Landes, in dem die Revolution von 1789 den Weg zu einer stürmischen Entwicklung der kapitalistischen Wirtschaft geöffnet hatte.

Die schwere Bürde, die die Familie zu tragen hatte, fühlte der Junge ebenso wie das vor allem auf die Unterschiedlichkeit der Charaktere zurückzuführende kühle Nebeneinanderleben der Eltern, und er mußte bereits in frühem Kindesalter in der

Werkstatt hart mit zugreifen. Außerdem hatte er, kaum daß er die protestantisch-französische Schule besuchte, die daheim hergestellten Waren mit einem Schubkarren auf den ihm oft endlos erscheinenden Straßen der Zweimillionenstadt zu den Kunden zu transportieren. Dabei kam *Rudolf*, der auf diese Weise mit einem großen Teil von Paris vertraut wurde, sowohl in protzig sich gebende Villengrundstücke und Läden mit gleißenden Auslagen, in kleine Fabriken, wo die Schornsteine kleiner Dampfmaschinen qualmten oder bereits mancher *Lenoir*-Gasmotor lief, als auch in verwohnte, feuchte Mietskasernen mit ihren schmutzigen Hinterhöfen, in denen das Elend wohnte. so daß seine Aufmerksamkeit schon sehr zeitig auf soziale Fragen gelenkt wurde.

Das besondere Interesse des Jungen aber galt der Technik. Von ihr geradezu magnetisch angezogen, besuchte er im Jahre 1867 mit seinen Eltern die große Weltausstellung, wo man in dem in Hochstimmung versetzten Paris kaum von etwas anderem als von Dampf, Elektrizität und Gas sprechen hörte und neben neuen Druckmaschinen und Dampfomnibussen *Nicolaus August Ottos* Atmosphärischer Gasmotor zu sehen war.

Nicht geringer war der Einfluß, den später das in einem ehemaligen Kloster untergebrachte älteste technische Museum der Welt, das Conservatoire des Arts et Métiers, auf den außerordentlich begeisterungsfähigen jungen *Diesel* ausübte. Hier, in den dämmerigen Hallen dieser „Weihestätte der Technik", konnte er nicht nur Dampfmaschinen, Schiffsmodelle, Krane, Uhren und physikalische Apparate sowie eine der ersten *Lenoir*-Gasmaschinen bewundern, sondern auch manchen interessanten Mechanismus skizzieren. Eine besondere Anziehungskraft mochte dabei *Nicolaus Joseph Cugnots* dreirädriger Dampfwagen auf ihn ausgeübt haben, der als erstes von einer Wärmekraftmaschine angetriebenes Kraftfahrzeug der Welt bei einer Fahrt durch Paris die Menschen in große Erregung versetzt hatte. Aber auch die von hohen Konsolen würdevoll herabblickenden Büsten großer Physiker, Chemiker und Ingenieure, vor allem *Papin*, *Huygens*, *Watt* und *Stephenson*, deren Lebensleistung ihn immer wieder in Erstaunen versetzte, ließen ihn zeitig klar darüber werden, welchen beruflichen Weg er einzuschlagen hatte. So entschloß er sich, als er für seine außergewöhnlichen schu-

lischen Leistungen im Palais d l'Industrie durch die Société l'Instruction Elémentaire mit einer Bronzemedaille ausgezeichnet wurde, schon im Herbst des Jahres 1870 in die Ecole Primaire Supérieure einzutreten.
Aber es sollte nicht dazu kommen. Als im deutsch-französischen Krieg nach der Schlacht bei Sedan alle Deutschen des Landes verwiesen wurden, sah sich die Familie *Diesel* dadurch, daß der Weg nach Osten durch den Kriegsschauplatz versperrt war, schweren Herzens gezwungen, mit Tausenden anderen Flüchtlingen nach England überzusetzen. Hier fand sie in London am 8. September 1870 im Stadtteil Hoxton in der Herbert Street 20 zwar eine notdürftige Bleibe, jedoch nur in beschränktem Umfange Arbeit, wodurch sie in noch größere Not und Verzweiflung geriet.
Auch hier, in der Hauptstadt der wirtschaftlichen und politischen Weltmacht und „Werkstatt der Welt", waren es Technik und Naturwissenschaften, die den zwölfjährigen *Rudolf*, der nun eine englische Schule besuchte, gefangen nahmen. Vor allem war es das berühmte Science-Museum, in dem er voller Ehrfurcht vor den Originalen und Modellen der Dampfmaschinen von *Savery*, *Newcomen*, *Watt* und *Trevithik* und dem Heißluftmotor des Schweden *Ericson* stand, die ihm, nachdem er sich bereits in Paris mit Maschinen ähnlicher Art intensiv auseinandergesetzt hatte, die Bedeutung der Wärmekraftmaschine für die wirtschaftliche und industrielle Entwicklung besonders klar demonstrierten.
Als der in ständiger Not lebenden Flüchtlingsfamilie von *Theodor Diesels* Bruder *Rudolf* der Vorschlag gemacht wurde, in dieser Situation wenigstens den Jungen nach Augsburg zu schicken, damit dieser, unbeeinflußt von den mißlichen Umständen, hier endlich eine deutsche Schule besuchen könne, trat *Rudolf* Ende Oktober 1870 bei großer Kälte von London aus die strapaziöse Reise an. Acht Tage später wurde der völlig Erschöpfte von der mit Professor *Christoph Barnickel* verheirateten Cousine *Theodor Diesels*, die Großvater *Johann Christoph Diesel* als junge Waise aufgenommen hatte, aus Dankbarkeit für die erfahrene Liebe als Pflegekind in die Arme geschlossen. Schon wenige Tage darauf glaubte *Barnickel* zum Trost der Eltern in ihrem Unglück nach London berichten zu können, *Rudolf* sei

ein sehr wohlerzogener und liebenswürdiger Knabe, dem man gleich auf dem ersten Augenblick sein Herz schenken kann ... *Rudolf* macht einen außerordentlich guten Eindruck, seine Bescheidenheit und sein verständiges Reden macht Eurem Erziehungssystem volle Ehre.

Auch Augsburg, die zwischen dem Lech und der Wertach gelegene und durch technische Aktivität früh entfaltete gewerbereiche Stadt, die damals bereits mehr als fünfzigtausend Einwohner zählte, vermochte *Rudolf* in ihren Bann zu ziehen, befand sich doch in ihren Mauern eine Maschinenfabrik, die in dem Ruf stand, unübertreffliche Dampfmaschinen, aber auch Wasserräder, Rotationsmaschinen und Getriebe herzustellen, die auf dem deutschen wie internationalen Markte sehr gefragt waren. Was lag näher, als daß der technisch außerordentlich begabte Junge, der später die Industrieschule besuchen und Mechaniker werden wollte, im November 1870 zunächst in die dreijährige Königliche Kreis-Gewerbeschule eintrat, an der Pflegevater *Barnickel* Algebra, Trigonometrie und Arithmetik lehrte und ihm in diesen Fächern eine ebenso gründliche wie exakte Ausbildung angedeihen ließ.

Diese im ehemaligen Katharinenkloster untergebrachte Anstalt war „eine eigentümliche Mischung von altem Handwerkergeist, gediegenstem wissenschaftlichen Streben, dabei durchsetzt vom Puls des Gewerbes und dem schweren pädagogischen Ernst des deutschen Wesens". Der sich lange Zeit in heimlicher Sehnsucht nach den Eltern verzehrende Junge, der vorher die deutsche Sprache noch recht mangelhaft beherrscht hatte und längst zu der Erkenntnis gelangt war, daß nur intensive Arbeit und Selbstzucht ihn aus Armut und relativer Abhängigkeit befreien konnten, schrieb 1872 seinen Eltern, die nach Beendigung des Krieges wieder nach Paris zurückgekehrt waren, über diese Schule:

Ich glaube, daß die Schule, in welcher ich hier bin, schon die Ecole Turgot werth ist. Hier hat auch jedes Fach seinen extra Lehrer und in der Physik werden Experimente gemacht ... in einem eigenen Saale für Physik, in welchem die verschiedenen Maschinen aufgestellt sind. Im Gebäude ist ferner noch ein chemisches Laboratorium, in welchem experimentiert wird und eine Werkstätte, in welcher diejenigen, welche später Mechaniker werden wollen, arbeiten können ...

Rudolf, der empfindlich, stolz und ehrgeizig, jedoch kein Streber im gewöhnlichen Sinne war, erteilte, da auch die Pflegeeltern finanziell nicht gut gestellt waren, bald gegen Bezahlung Mathematikunterricht und ließ, als er bei der Abschlußprüfung einer der ersten Schüler des ganzen Kursus wurde, die Eltern seinen brennenden Wunsch wissen:

Liebste Eltern, mein sehnlichster Wunsch ist, Mechaniker zu werden. In irgendeinem anderen Fache werde ich kaum etwas Tüchtiges erlernen. Nicht wahr, ich darf Mechaniker werden?

Aber die Eltern hatten Bedenken, zögerten zuerst und setzten, aus ihrer ärmlichen finanziellen Lage heraus urteilend, schließlich diesem Plan Widerstand entgegen. Darüber war *Rudolf* maßlos enttäuscht, und er entschloß sich, nach Paris zu fahren, um durch eingehende mündliche Darlegungen seine Eltern doch noch für sein Vorhaben zu gewinnen. Aber auch dieses Wiedersehen nach drei Jahren wurde für ihn zu einer großen Enttäuschung. Während er selbst kraft seiner Energie in der Zwischenzeit im Leben vorangekommen war, fand er die Eltern infolge zögernden Zupackens nach wie vor sorgenvoll an ihrem Geschäft hängend, und sein Vater neigte nach dem Tod seiner Schwester *Louise* außerdem noch zu Spekulationen über Übersinnliches. Dazu kam, daß die Mutter, von seinem Plan erschreckt, in einer Auseinandersetzung auf „seinen unbefriedigten Ehrgeiz und seine Selbstliebe" anspielte.
Erschüttert trat *Rudolf*, der von den Eltern nichts mehr erwartete, die Rückreise nach Augsburg an, dabei fest entschlossen, nur noch auf sich allein zu vertrauen und „aus eigener Kraft seine Zukunft zu organisieren". So trat er am 1. Oktober 1873 in die als Überbau der absolvierten Gewerbeschule errichtete mechanisch-technische Abteilung der Industrieschule ein. Hier, wo trotz großer Strenge seine Begeisterung für das Maschinenwesen noch eine Steigerung erfuhr, machte 1874 die Vorführung eines pneumatischen Feuerzeuges, in dem durch Kompression von Luft Wärme erzeugt und mit deren Hilfe wiederum ein

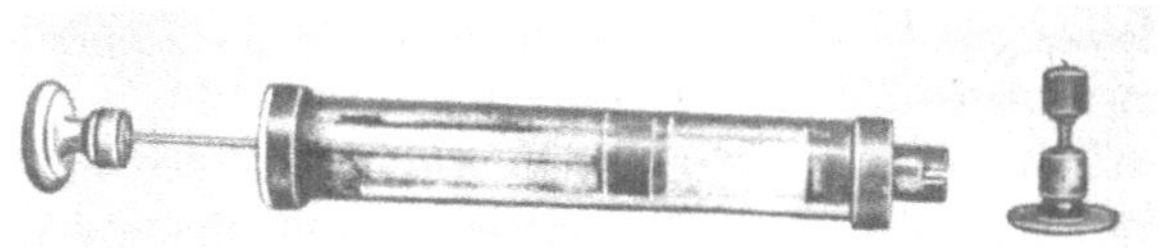

Abb. 8. Kompressionsfeuerzeug

Stück Zunder im Glaskolben zum Glühen gebracht wurde, einen solch unauslöschlichen Eindruck auf ihn, daß ihm gerade dieses Experiment viele Jahre später zum Keim für seine bedeutsame Erfindung werden sollte.

Bevor *Rudolf Diesel* als jüngster Schüler seiner Klasse in zwölf von dreizehn Lehrfächern die „Eins" erreichte und damit das beste Examen ablegte, wandte er sich erneut mit beschwörenden Worten an seine Eltern mit der Bitte, nun an der Technischen Hochschule der von industriellem und wissenschaftlichem Eifer durchpulsten Stadt München seine Studien fortsetzen zu können. Aber die Eltern lebten noch immer in gleicher Not und widersetzten sich auch diesem Plan mit der Meinung, „daß alle Theorie nichts tauge und daß gutes Feilen und Hämmern genüge, um einen guten Mechaniker hervorzubringen". Außerdem wollten sie, daß ihr Sohn so schnell als möglich Geld verdiente, damit die bei *Barnickels* entstandenen Schulden beglichen werden konnten.

Da sah sich der Siebzehnjährige, gestützt auf ein ihm auf Grund seiner erstaunlichen Leistungen bereits zugesprochenes Stipendium, in seinem unbezähmbaren Drang nach Selbständigkeit gezwungen, auch diesen Schritt gegen den Willen der Eltern zu tun. Getragen von „hochfliegenden Menschheitsplänen" und der festen Überzeugung, zu Außergewöhnlichem berufen zu sein und bald „in den Wissenschaften ein Wort mitzusprechen", widmete er sich nun mit geradezu fanatischem Eifer dem Studium, erteilte Unterricht in französisch, lernte englisch und trieb Musik.

Aber auch die soziale Frage, mit der er als in materieller Not lebender Ferienpraktikant in Industriebetrieben durch den Umgang mit Arbeitern in Berührung kam, beschäftigte ihn in zunehmendem Maße. Als angehender Ingenieur war er zwar des Glaubens, daß der Einsatz der Maschinen in eine bessere Zukunft führen müsse, erkannte aber zugleich, welche Schäden in einer gesellschaftlichen Ordnung, in der das Kapital herrschte, dem sozialen Zusammenleben entstanden.

Im Jahre 1878 – *Diesels* Eltern, die ihr Geschäft in Paris nicht mehr zu halten vermocht hatten, waren inzwischen ebenfalls nach München übersiedelt, wo der Vater zuerst in einem Lederwarengeschäft und später als selbständiger „Heilmagnetiseur" arbeitete – behandelte Professor *Carl von Linde* (1842–1934), der Erfinder der Ammoniak-Kältemaschine, im Rahmen der theoretischen Maschinenlehre in einer seiner thermodynamischen Vorlesungen das Wesen der noch immer als „Königin der Maschinen“ angesehenen Dampfmaschine. Dabei wies er zum Erstaunen seiner Studenten darauf hin, daß diese infolge des kleinen Gefälles zwischen der Temperatur des Frischdampfes und der des Kondensates die Energie sehr unvollkommen ausnutzt und dadurch nur 6 bis 10% der im Brennstoff enthaltenen Wärme in nutzbare Arbeit verwandelt. In diesem Zusammenhang erläuterte er auch den Lehrsatz von *Sadi Carnot* (1796–1832), nach dem nur bei der sogenannten isothermischen Zustandsänderung von Gasen, also einer Druckminderung des Gases bei gleichbleibender Temperatur, die durch Verbrennung entstehende Wärme maximal in praktisch verwertbare Arbeit umgewandelt werden könne. Diese Eröffnung ließ *Rudolf Diesel* aufhorchen und ihn – wie Notiz- und Heftblätter aus dem gleichen Jahre zeigen – den Entschluß fassen, den bisher lediglich theoretisch formulierten „Prozeß mit höchster Wärmeausnutzung“ in einer neuen Wärmekraftmaschine praktisch zu verwirklichen, die einen höheren thermischen Wirkungsgrad erreichen sollte, als alle bisher bekannten Maschinen dieser Art. Wie sehr dieser erfinderische Impuls den zwanzigjährigen Studenten beschäftigte, „der das naturwissenschaftliche Weltbild in sich aufgenommen hatte und der Kirche untreu geworden war“, geht daraus hervor, daß er bereits damals an den Rand seines Kollegheftes schrieb:

Studieren, ob es nicht möglich ist, die Isotherme zu verwirklichen!

Über diese Phase seines Lebens schrieb er noch kurz vor seinem Tode:

Damals stellte ich mir die Aufgabe! Das war noch keine Erfindung, auch nicht die Idee dazu. Der Wunsch der Verwirklichung des *Carnot*schen Idealprozesses beherrschte fortan mein Dasein. Ich verließ die Schule, ging in die Praxis, mußte mir eine Stellung im Leben erobern. Der Gedanke verfolgte mich unausgesetzt ...

Welche Überlegungen er in diesem Zusammenhang anstellte, davon zeugen folgende Anmerkungen über „Mechanische Wärmetheorie“:

1. Kann man Dampfmaschinen construiren, welche den vollkommenen Kreisproceß ausführen, ohne zu sehr complicirt zu sein? (11. Juli 1878)
2. Würde der Wirkungsgrad der Dampfmaschinen nicht verbessert, wenn man das Wasser nicht direct in den Kessel pumpen würde, sondern in ein Gefäß, aus dem es leicht in den Kessel abfließen kann, das jedoch während des Einpumpens mit dem Kessel nicht communicirt, sondern mit der Atmosphäre? Wie wäre das aber praktisch ausführbar? (13. Juli 78)

Außerdem notierte der in immer stärkerem Maße ökonomisch Denkende:

Die mechanische Wärmetheorie lehrt, daß von der einem Körper innewohnenden Wärme nur ein Theil als äußere Arbeit wieder erhalten werden könne; wenn wir also mit 1 kg Steinkohle dem Dampf 7500 Cal. zuführen, so können wir davon principiell nur einen geringen Theil als äußere Arbeit wieder gewinnen; folgt daraus nicht, daß die Anwendung des Dampfes oder überhaupt eines Mittelkörpers principiell falsch sei; es führt das auf den Gedanken, jene 7500 Cal. direct, ohne Vermittlung, in Arbeit zu verwandeln; aber wie ist das praktisch ausführbar? Das ist eben zu finden!!

Als *Rudolf Diesel* an Typhus erkrankte und deshalb das für Juli 1879 anberaumte Schlußexamen an der Hochschule auf einen späteren Zeitpunkt verschoben werden mußte, beorderte ihn *Carl von Linde*, der die besonderen technischen Fähigkeiten des Absolventen längst erkannt und deshalb mit ihm seinen besonderen Plan hatte, im Oktober in die weltberühmte Maschinenfabrik der Gebrüder *Sulzer* nach Winterthur in der Schweiz. Hier, wo die *Linde*schen Kältemaschinen gebaut wurden, sollte er zwischendurch praktizieren, damit er, der ein einwandfreies Französisch sprach, nach der Abschlußprüfung beim Aufbau einer Eisfabrik in Paris eingesetzt werden konnte.
Anfang Januar 1880 kehrte *Diesel* nach München zurück, wo er das beste Examen seit der Gründung der Hochschule ablegte. Bereits am 20. März traf er in Paris ein, um sich, von der wissenschaftlichen und technischen Entwicklung des durch mehrere Revolutionen hindurchgegangenen Frankreich angezogen, eine „Machtstellung für sich“ zu erkämpfen. Hier, wo er bald Direktor, Konstrukteur, Berater, Organisator und Reisender in einer Person sein mußte, begann er neben seiner beruflichen Tätigkeit seine zielgerichtete Suche nach einem neuen Motor. Dieser

lag insofern auch eine soziale Idee zugrunde, als er an eine Kraftmaschine dachte, die dem Kleingewerbe den Wettbeweab mit der entstandenen Großindustrie ermöglichte. Dabei war der junge leistungsbesessene Mann der festen Überzeugung:

Wenn man durch die Umstände unbedingt dazu gezwungen ist, dann findet man immer Mittel, um Dinge durchzusetzen, die vorher einfach nicht gelingen wollten.

Schon im Oktober 1881 erhielt er für ein Verfahren zur Herstellung von Klareis in Flaschen das erste Patent, kurz darauf ein zweites. Im Oktober 1882 lernte er *Martha Flasche*, die Tochter eines Remscheider Notars kennen, die im Hause des deutschen Kaufmanns *Ernest Brandes* in Paris als Erzieherin tätig war, und verlobte sich Anfang Mai 1883 mit ihr. Die sich anschließende Brautzeit war von mancher Sorge erfüllt. So ließ *Diesel*, der als Reisender auch den Aufbau seiner Klareismaschinen zu beaufsichtigen hatte, von seinem Wert und seiner Überlegenheit überzeugt, seine *Martha* wissen:

Da die Maschinen neu und nur von mir als dem Erfinder gründlich gekannt sind, so muß ich erst das Personal einschulen. Da sie außerdem Tag und Nacht ununterbrochen gehen, so bin ich Tag und Nacht angestrengt ... Ich werde sobald nichts mehr erfinden ...

Bis er Ende Oktober 1883 seiner Schwester *Emma* berichten zu können glaubte:

Mein Apparat in Grenelle geht über alle Erwartung gut, so daß ich einige Stunden lang selbst staunend das schöne Resultat betrachtete. Ich kann also jetzt ohne Sorgen und mit Freuden meine *Martha* heimholen und werde nicht mehr lange warten ...

Am 24. November 1883 fand in München im engsten Familienkreise die Hochzeit statt, an der auch sein einstiger Pflegevater Professor *Barnickel* teilnahm, der nach dem Tode seiner ersten Frau *Diesels* Schwester *Emma* geheiratet hatte. Danach zog das junge Paar in *Diesels* in der Rue de Rivoli 40b gelegene Pariser Junggesellenwohnung.

In der gleichen Zeit drängte der von einem ungewöhnlichen Fortschrittsglauben erfüllte Erfinder seinen Vater, der – von ihm ständig finanziell unterstützt – nicht müde wurde, aus den

Werken *Schopenhauers* das herauszusuchen, was seinen okkulten Spekulationen dienlich schien:

Wir sollten unseren Brüdern auf *dieser* Erde helfen, die Lage der Menschheit zu verbessern suchen und dem Elend nach Kräften abhelfen. Das scheint mir besser verstandene Religion als die, welche das Irdische vernachläßigt, um einer unbekannten Zukunft willen.

Bald darauf drang *Diesel*, der nach größerer persönlicher Bewegungsfreiheit strebte, mit besonderer Energie darauf, seine berufliche Tätigkeit auf die Funktion des Direktors der Eisfabrik in Paris zu beschränken, um sich auf diese Weise in stärkerem Maße mit der von ihm geplanten Wärmekraftmaschine beschäftigen zu können. Dieses Ziel glaubte er, da er die entscheidende Voraussetzung hierfür zunächst in der Erzielung einer extrem hohen Temperatur sah, am besten durch die Verwendung von Ammoniakdämpfen, mit denen er täglich beruflich zu tun hatte, erreichen zu können. Über dieses erfinderische Vorhaben berichten seine handschriftlichen Aufzeichnungen ergänzend:

Meine ursprüngliche Idee war, einen Kleinmotor zu machen, welcher stets marschbereit sei und nur durch ein kurzes Heizen nach je 10–12 Std. Betrieb gleichsam wieder „aufgezogen" würde. Ich wählte deshalb flüssiges Ammoniak als motorisches Medium und wurde dadurch zur Untersuchung der Ammoniakdämpfe geführt. Ich that dies in praktischer und theoretischer Hinsicht, machte sehr eingehende Versuche mit Ammoniakdämpfen, Absorption derselben in verschiedenen Flüssigkeiten usw. und construirte auch einen wirklichen Ammoniakmotor ...

Nachdem er in dem auf eigene Kosten errichteten Labor zu einer gewissen Erkenntnis gekommen war, teilte er mit:

... Seit cca einem Jahr arbeite ich an einem Motor, der ganz brauchbar zu werden verspricht; ganze Stöße von Zeichnungen, Rechnungen und Schreibereien, und einige Modelle liegen schon da, aber ganz zufrieden bin ich noch nicht damit, obgleich ich, wie gesagt, guten Mut auf Erfolg habe.

Diesel wußte, daß dieser kleine Motor, der nichts anderes war, als eine mit Ammoniakdämpfen arbeitende Dampfmaschine, nur das Produkt exakter wissenschaftlicher Arbeit sein konnte. Deshalb galt es ständig zu studieren, zu experimentieren und die gewonnenen Erfahrungen und Erkenntnisse zu registrieren, um daraus weiterführende Schlüsse ziehen zu können.

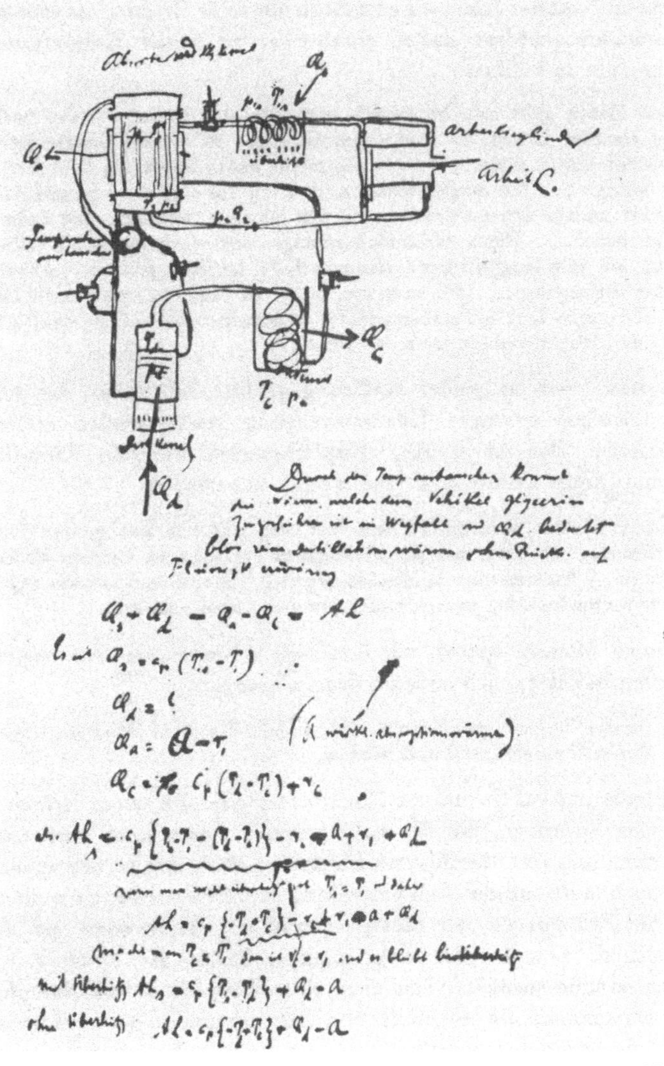

Abb. 9. Aus dem Studienmaterial zum Ammoniakmotor (etwa um 1886)

Erst im Sommer 1887, als er nahezu alle seine Ersparnisse seinem Vorhaben geopfert hatte, glaubte er zu seiner Genugtuung schreiben zu können:

Mein Motor geht nun ordentlich vorwärts! Ich hoffe – hoffe, noch vor meinem Landaufenthalt etwas Gewisses zu wissen. Gegenwärtig arbeiten daran 4 Mann. Ich wende meine ganze Kraft an, bald fertig zu werden ... Ich merke wirklich, daß ich vor einem wichtigen Abschnitt meines Lebens stehe ... Es geht langsam vorwärts, aber sicher, sehr sicher ... Wenn es endlich gelungen sein wird, werde ich erlöst sein, wie von langjähriger Gefangenschaft; ich lebe jetzt in verzweifelter Aufregung ... Ich rase von Stadt zu Stadt ... und doch bin ich die ganze Zeit mit meinem Motor und meiner Zukunft beschäftigt. Tag und Nacht verläßt mich das nicht ...

In diese von so großer Hoffnung erfüllte Zeit fallen die aus unablässiger geistiger Überanstrengung resultierenden ersten Schatten. Der an starken Kopfschmerzen leidende Erfinder kommt nicht umhin, den Seinen auch zu verraten:

Gestern bin ich kurz nach 6 von hier weg und war den ganzen Tag in Grenelle, wo ich einen der wichtigsten Versuche zu meinem Motor machte. – Nachmittags mußte ich gegen 2 Uhr aufhören, da ich nicht mehr weiter konnte, weil mir alles vor den Augen schwirrte ...

Wenige Monate später, als ihm sein Ammoniakmotor wieder Sorgen bereitete, ließ er seine Frau wissen:

Ich verzweifle ganz gewiß nicht. Ist es nicht dieser, so ist es ein anderer Motor. Gelingen muß und wird es.

Deshalb und auf Grund von Nachrichten über die ersten Erfolge, welche Fabriken, die Dampfmaschinen herstellten, mit der Verwendung von überhitztem Dampf erzielten, zog er, der seinen Motor bereits auf der Weltausstellung von 1889 vorführen wollte, in der Erkenntnis, mit dieser Entwicklung keineswegs das zu erreichen, was er sich vorgenommen hatte, die Anmeldung dazu wieder zurück. Nach dem Entschluß, Ammoniakdämpfe zu verwenden, die ebenfalls überhitzt werden sollten, äußerte er sich über diesen Schritt:

Aber aufgeschoben ist nicht aufgehoben, und ich gehe blos zurück, um besser springen zu können.

Während der Weltausstellung, auf der er vor allem von den ausgestellten Gasmotoren angezogen wurde, teilte er in einem

Zustand übermäßiger Anspannung und geistiger Erregung mit:

Gestern hatte ich eine solche Krise von Kopfweh, daß ich mitten aus der Ausstellung lief, eine Droschke nahm und gerade noch vor Büroschluß zum Arzt kam ... ich bin so gehetzt, daß ich kaum mehr kann ...

Außerdem geriet der Erfinder nach nahezu sechs Jahren erfinderischer Bemühungen in eine schwere Lage, da durch eine erneut eingetretene starke politische Spannung zwischen Frankreich und Deutschland mit einem Male die Bestellungen auf die *Linde*schen Eismaschinen und damit seine Einnahmen zurückgingen und er, nachdem er sämtliche finanziellen Mittel in seinen Motor gesteckt hatte, vor dem Nichts stand. Was wunder, wenn er in dieser schwierigen Situation, in der er seine erfinderischen Pläne aufs schwerste gefährdet sah, den Entschluß faßte, nach Deutschland zurückzukehren, zumal er sich dort einen besseren wirtschaftlichen Boden für die Entwicklung seines Ammoniakmotors erhoffte.
Als er Anfang Januar 1890 mit seiner Familie in der preußisch-deutschen Hauptstadt Berlin eintraf, um das Haus Kurfürstendamm 113 zu beziehen und auf ausdrücklichen Wunsch seines Arbeitgebers und Förderers *Carl von Linde* hier die Leitung des technischen Büros für Eismaschinen zu übernehmen, lud er sich von neuem ein Unmaß von Arbeit auf. Trotzdem glaubte er, von neuer Lebenslust und Vorwärtsdrang erfaßt, wie ein bald darauf geschriebener Brief verrät, die Lage zu meistern:

Kaum habe ich den Finger in das hiesige Räderwerk gesteckt, so werde ich mit Leib und Seele in die Maschine gerissen und drehe mit ... Die ganze Geschichte bekommt einen anderen Schwung als sie in Paris hatte ... und so finde ich mich denn in dieser Frage meines neuen Wirkungskreises sehr befriedigt ...

3.2. Die Herausbildung der Grundgedanken des zünderlosen Verbrennungsmotors

Als *Rudolf Diesel* mit seiner Frau und den drei Kindern in Berlin, der werdenden Weltstadt, eingetroffen war, in dem das vor allem sozialdemokratisch gesinnte Proletariat seinen Kampf gegen den Kapitalismus verstärkte, hatten ihn neben der weitergeführten Arbeit an seinem Ammoniakmotor bereits neue Gedanken erfaßt. Vor allem drängte sich ihm hier, wo „alles auf dem Strom des Kapitals“ zu schwimmen schien, seine durchaus richtige Jugendidee, ohne Anwendung erhitzter Dämpfe Arbeit zu gewinnen, mit besonderer Intensität auf.

Wohl waren seit etwa 1878 durchaus brauchbare Gasmotoren im allgemeinen Gebrauch, die bereits auf diese Weise arbeiteten, jedoch entsprachen diese keineswegs seiner theoretischen Forderung, da er, um die höchstmögliche Wärmeausnutzung zu erzielen, eine 5- bis 8mal höhere Verdichtung anstrebte und ganz ohne Zylinderkühlung auszukommen glaubte. Eine derart hohe Verdichtung war aber bei dem Ottomotor schon deshalb nicht möglich, weil das hier angesaugte Gas-Luft-Gemisch sich bereits bei einem Druck von 4 bis 6 Atmosphären entzündete, also bevor der Kolben den oberen Totpunkt erreichte.

Die erste Anregung zu seinen neuen Gedankengängen dürfte *Diesel* bereits am 2. März 1888 erhalten haben, als er an einer Sitzung der Société des Ingénieurs Civil teilnahm, bei der ein Bericht über einen Apparat von *Marquis de Montgrand* gegeben wurde, mittels welchem man durch die Verdichtung von Luft Wärme und durch Expansion derselben Kälte erzeugen konnte. Dabei mochte er unwillkürlich an das in der Industrieschule in Augsburg im Jahre 1874 durchgeführte Experiment mit dem pneumatischen Feuerzeug erinnert worden sein. Jedenfalls dürfte sich bei *Diesel* spätestens zum Jahreswechsel 1889/90 der erfinderische Gedanke eingestellt haben, einfach Luft, durch Verdichtung erhitzte Luft, als arbeitendes und zugleich chemisches Mittel zur Verbrennung des Brennstoffes in dem Zylinder für motorische Zwecke zu nutzen. Über die Herausbildung dieser neuen Idee berichtet der Erfinder rückschauend im Jahre 1913:

Wie nun die Grundgedanken entstanden, das Ammoniak durch wirkliches Gas, nämlich hochgespannte, hocherhitzte Luft, zu ersetzen, in solcher Luft allmählich fein verteilten Brennstoff einzuführen und sie gleichzeitig mit der Verbrennung der einzelnen Brennstoffparticel so expandieren zu lassen, daß möglichst viel von der entstehenden Wärme in äußere Arbeit übergeht, das weiß ich nicht. Aber aus dem fortwährenden Jagen nach dem angestrebten Ziel, aus der Untersuchung der Beziehungen zahlloser Möglichkeiten wurde endlich die richtige Idee ausgelöst, die mich mit namenloser Freude erfüllte ...

Der Weg zu dieser Erkenntnis verlief somit gegenüber dem von *Nicolaus August Otto* gegangenen gerade umgekehrt. Während *Otto* als Autodidakt vom Anfang an ganz ohne wärmetheoretische Erwägungen danach suchte, den Motor mit explosiblem Gas zu laden und unter Umgehung der Verdichtung nach der Verbrennung auszustoßen und so durch ständiges Experimentieren empirisch zu wissenschaftlich begründeten Urteilen gelangte, ging *Diesel* als hervorragend geschulter Theoretiker kühn von der wissenschaftlich gewonnenen Vorstellung aus, sein Motor sei nur bei der „unerhört hohen Kompression“ von etwa 250 Atmosphären denkbar. Damit ist ersichtlich, daß der später entwickelte Dieselmotor, obgleich auch er im Viertakt arbeitet und auch bei ihm die Verbrennung des Brennstoffes im Arbeitszylinder selbst erfolgt, gedanklich nicht aus diesem hervorgegangen ist.

Trotz überaus starker beruflicher Inanspruchnahme und eines bedenklichen Kopfleidens schlug sich *Diesel* nun oft bis tief in die Nacht mit mathematischen und physikalischen Formeln herum, ehe er am 15. November 1891 seiner Mutter glaubte berichten zu können:

> Ich fühle mich reif zur geplanten That. – Ich beabsichtige schon bald mit dem Resultat meiner zwölfjährigen Arbeit hervorzutreten und hoffe! (hoffe!) Erfolg zu erringen, und zwar durch den Werth der Sache allein ... ich kann mich täuschen, aber ich habe Vertrauen zur Sache, mehr kann ich nicht thun ... Zwölf Jahre habe ich mit Aufopferung eine Blume gepflegt; jetzt will ich sie pflücken und ihren Duft genießen ...

Diesels Erfindungsgedanken, der in seinen Vorstellungen von einem zünderlosen Verbrennungsmotor mit höchster Wärmeausnutzung Gestalt gewann, lagen nach seinen eingehenden Aufzeichnungen folgende Hauptmerkmale zugrunde:

1. Erhitzung reiner Luft im Arbeitszylinder der Maschine durch ihre mechanische Kompression vermittels des Kolbens weit über die Entzündungstemperatur des zu benutzenden Brennstoffes.
2. Allmähliches Einführen von feinverteiltem Brennstoff unter Verbrennung desselben in diese hocherhitzte und verdichtete Luft bei gleichzeitiger Arbeitsleistung derselben auf den ausschiebenden Kolben.
3. Allmähliche Vergasung des Brennstoffes im Arbeitszylinder selbst, jeweils nur in geringsten Mengen auf einmal, für jeden Hub des

Kolbens besonders unter Entnahme der Vergasungswärme und Einleitung der Verbrennung aus der Verdichtungswärme ...

Am 11. Februar 1892 übermittelte *Diesel* die handschriftlichen Notizen seinem früheren Lehrer und jetzigen Vorgesetzten *Carl von Linde* mit den Worten:

... ich habe die große Freude, Ihnen mitzutheilen, daß ich einen Motor gefunden habe, welcher theoretisch nur cca den 10ten Theil der Kohle verzehrt, die unsere besten heutigen Dampfmaschinen aufbrauchen (für welche ich etwa durchschnittl. 1 kg Kohle p. Pfk. und Std. rechne). – Dieses Resultat ist nicht etwa eine Vermuthung oder eine Hoffnung; es läßt sich dasselbe mathematisch scharf nachweisen und zwar so, daß kein Zweifel darüber bestehen kann, daß es erreichbar ist ...

Von den übersandten Unterlagen stark beeindruckt, ließ *Linde* mit Schreiben vom 20. März 1892 *Diesel* wissen, daß er die von ihm „eingeschlagene Richtung als die allein richtige anerkenne" und daß sich aus seinen „Darlegungen eine ganz correcte Erkenntniß des gesetzmäßigen Zusammenhanges in den behandelten Processen" ergebe. Er sei jedoch weit davon entfernt anzuerkennen, daß das von ihm „angestrebte Ziel wirklich erreicht sei". Gleichzeitig ließ er den Erfinder nicht im unklaren darüber, daß die Gesellschaft für *Lindes* Kältemaschinen sich „nicht mit dieser Sache befassen" könne. Er erbot sich jedoch, *Diesels* schriftliche Unterlagen *Moritz Schröter*, Professor der Technischen Hochschule München, zur Begutachtung zu empfehlen. Dieser teilte *Diesel* neun Tage später mit:

Ihre Arbeit habe ich mit großem Interesse gelesen; daß dieselbe auf theoretisch gesunder Basis stehen würde, war bei Ihnen von vornhinein zu erwarten, aber ich muß gestehen, daß ich zunächst Ihre sanguinischen Hoffnungen bezüglich der Überwindung der praktischen Schwierigkeiten nicht zu theilen vermag. Die richtige Zündung, die Bewältigung der hohen Spannungen bei so hohen Temperaturen (um nur das Nächstliegende anzuführen), halte ich für sehr schwierige praktische Probleme, die freilich auch nur auf dem Weg mühevollen und kostspieligen Experimentierens gelöst werden können ...

Diesel erwiderte, daß es nicht seine Absicht sei,

in Praxi mit aller Strenge an dem Idealtypus festzuhalten; ich gebe zunächst gerne um 5% nach und stelle als Ziel einen thermischen

Wirkungsgrad von theoretisch 67–68 fest. – Dadurch sinkt der Maximaldruck der Luftcompression auf 80–90 Atmosphären, oder, wenn ich größere Zylinder zulasse ... auf 44–50 Atmosphären ...

Daraufhin äußerte sich Professor *Schröter* weit weniger ablehnend:

... und ich würde es auch für richtig halten, wie Sie vorschlagen, sich dem Ideal allmählich zu nähern, indem Sie mit wesentlich niedrigeren Compressionsspannungen beginnen. Wie immer hat auch hier die Praxis das letzte Wort und handelt es sich vor allem um eine erste Versuchsmaschine, bei der ich namentlich auf das Diagramm begierig wäre ...

Gleichzeitig wies *Schröter* auf die große Schwierigkeit hin, die Form des *Carnot*-Diagramms, das einem hochgezogenen Buchstaben A ähnelte, in seinem Motor zu verwirklichen, da dessen oberer Teil geradezu in eine Linie auslaufe. Dadurch würde in Anbetracht dessen, daß die Größe des Diagramms das Maß für die geleistete Arbeit darstelle, bei diesem Prozeß sehr wenig Arbeit geleistet, während andererseits das Triebwerk durch die sehr hohe Druckspitze eine außerordentlich große Beanspruchung erfahre.

Trotz dieser so freimütig geäußerten Bedenken konnte sich *Diesel* noch nicht entschließen, das Streben nach einer isothermischen Verbrennung in seinem Motor aufzugeben, da sie seiner Überzeugung nach allein den „Prozeß höchster Wärmeausnutzung" garantierte.

Inzwischen hatte *Diesel* auch die erforderlichen Unterlagen für die Erteilung eines Patents auf seine „Neue Rationelle Wärmekraftmaschine" eingereicht. In diesen lautete der Anspruch 1 in endgültiger Form:

Arbeitsverfahren für Verbrennungskraftmaschine, gekennzeichnet dadurch, daß in einem Zylinder vom Arbeitskolben reine Luft oder anderes indifferentes Gas (bezw. Dampf) mit reiner Luft so stark verdichtet wird, daß die hierdurch entstandene Temperatur weit über der Entzündungstemperatur des zu benutzenden Brennstoffes liegt, worauf die Brennstoffzufuhr vom todten Punkt ab so allmählich stattfindet, daß die Verbrennung wegen des ausschiebenden Kolbens und der dadurch bewirkten Expansion der verdichteten Luft (bzw. des Gases) ohne wesentliche Druck- und Temperaturerhöhung erfolgt, worauf nach Abschluß der Brennstoffzufuhr die weitere Expansion der im Arbeitszylinder befindlichen Gasmasse stattfindet ...

Der Anspruch 2 bezog sich sowohl auf eine mehrstufige Verdichtung der Luft als auch auf eine gleichartige Ausdehnung der Verbrennungsgase, da *Diesel* von bisher nicht gekannten hohen Drücken ausging.

Obzwar das Patentamt dieser Anmeldung anfänglich eine Reihe anderer Patente gegenüberstellte und zudem „die Idee in der vorgelegten Fassung als nicht patentfähig" beurteilte, wurde die Erfindung, die bei dem damaligen Stande der Wissenschaft auf diesem Gebiet noch viel unerkanntes Undurchführbares enthielt, nach vielen Verhandlungen schließlich als „neu und richtig anerkannt" und mit Wirkung vom 28. Februar 1892 das DRP 67207 erteilt.

Nun wollte der Erfinder mit seinem durch Patent geschützten Motor offen hervortreten. Jedoch verfügte er nicht über die notwendigen finanziellen Mittel, um die geplante Versuchsmaschine in einer Werkstatt auf eigene Kosten anfertigen zu lassen. Außerdem mußte er zu seinem Leidwesen feststellen, daß seine Stellung in Berlin jetzt trotz unverminderter Arbeitslast weit weniger einbrachte als in Paris, so daß er infolge dieses finanziellen Rückschlages nicht nur seinen erfinderischen Plan gefährdet, sondern sich darüber hinaus auch genötigt sah, in eine wesentlich bescheidenere Wohnung des Gartenhauses Brückenallee 15 umzuziehen. *Diesel* benötigte fremde Hilfe und dies nicht zuletzt deshalb, als die besten Werkzeugmaschinen und erfahrensten Arbeiter gerade gut genug waren, um den an die Ausführung des mit ganz ungewohnt hohem Druck arbeitenden Verbrennungsmotors gestellten Ansprüchen gerecht zu werden. Deshalb hatte sich der Erfinder bereits im März 1892 an die Maschinenfabrik Augsburg gewandt, jedoch kurz darauf vom Direktor *Hermann Buz* (1833–1918), der später zu seinem verläßlichsten Förderer werden sollte, wegen der bei der Ausführung des Motors zu erwartenden Schwierigkeiten einen ablehnenden Bescheid erhalten. *Diesels* Enttäuschung darüber war um so größer gewesen, als er gerade diesen hervorragenden Maschinenbaubetrieb in sein Vorhaben einbezogen wissen wollte. Dazu kam, daß die Zeit drängte, da möglicherweise ein großer Teil der Laufzeit des Patentes für die Entwicklung des Motors benötigt wurde, so daß dessen finanzielle Nutzung – wenn überhaupt – wohl nur kurze Zeit erfolgen konnte.

Natürlich stand dem Erfinder frei, sich an eine andere leistungsfähige Maschinenfabrik zu wenden. Allerdings sah *Diesel* hier insofern wenig Aussicht auf Erfolg, als er zwar als Fachmann der Kälteindustrie einen hervorragenden Ruf genoß, jedoch kein Motorenfachmann und deshalb bei den in Frage kommenden Betrieben völlig unbekannt war. In dieser Situation entschloß er sich kurzerhand, das Interesse weiterer Kreise für seine Erfindung dadurch zu wecken, daß er seine theoretischen Studien über den geplanten Motor in Buchform herausgab. In diesen fanden – wie sich später herausstellte – neben unrealisierbaren Gedanken bereits völlig neue Grundprinzipien ihren Niederschlag, die das Fundament für den später gebauten „Dieselmotor" bildeten. Schon im Januar 1893 erschien der mit mathematischen Formeln und der Schilderung physikalischer Prozesse angefüllte Band in der technischen Verlagsanstalt *Julius Springer* in Berlin. Darüber berichtete *Diesel*:

> Nachdem ich auf dem Umwege über die Dampferhitzung auf eine besondere Art von Verbrennungsprozeß gestoßen war, prüfte ich diese Idee an Hand der Thermodynamik und veröffentlichte diese zunächst rein theoretischen Betrachtungen in einer kleinen Schrift (Theorie und Konstruktion eines rationellen Wärmemotors zum Ersatz der Dampfmaschine und der heute bekannten Verbrennungsmotoren), die ... vierzehn Jahre nach jener Randbemerkung im Kollegheft veröffentlicht wurde, und in welcher ich nach Untersuchung aller Arten von Verbrennungskurven die isothermische Verbrennung als die rationellste erklärte ...

Da *Diesel* natürlich gut bekannt war, daß in den Ottomotoren mit der Entzündung des Brennstoff-Luft-Gemisches, dessen Temperatur – wie bei einer Explosion – sehr heftig anstieg und dadurch die anfallende Wärme nur in einem beschränkten Umfange in Arbeit umgesetzt werden konnte, hielt er nach wie vor an der Verbrennung „unter gleichbleibender Temperatur" fest. Er sagte in dieser Publikation seinem Motor, der mit einem Druck von 250 Atmosphären arbeiten und für die Einführung von Brennstoff in flüssigem, gas- und staubförmigem Zustand entwickelt werden sollte, auf Grund seiner Arbeitsweise einen Wirkungsgrad von mindestens 73% voraus.

Aus der Befürchtung heraus, daß ein derart hoher Druck vielleicht „auf die Industrie einen ungünstigen Eindruck machen" könnte, behandelte *Diesel* in mehreren Abschnitten seines Buches auch mögliche „Abweichungen vom vollkommenen Prozeß". So ist in dem in einer Auflage von tausend Exemplaren erschienenen 96seitigen Buch dazu u. a. zu lesen:

Es ist hier auch von Interesse anzuführen, daß die Maximaldrucke des Prozesses noch sehr reducirt werden können, wenn man die höchste Temperatur tiefer setzt; so erhält man beispielsweise:

für die höchste Temperatur von	600 Grad	700 Grad	800 Grad
den höchsten Druck rund	44	64	90 Atmosphären
und den thermischen Wirkungsgrad rund	60	64	68%

Die Reduktion des Druckes erheischt also wiederum ein Opfer an Wärme, indess erhält man immer noch ein bedeutendes Vielfaches der jetzigen Wärmeausnutzung, selbst wenn man auf 44 Atmosphären heruntergeht, also auf Kompressionsverhältnisse, deren praktische Herstellung längst schon als ein überwundener Standpunkt gelten kann ...

Damit waren die angeführten Drücke auf das seinerzeit durchaus Beherrschbare gesenkt.
Der neue Motor sollte im Viertakt arbeiten und dabei folgendes völlig neue Verbrennungsverfahren verwirklichen: Ansaugen reiner Frischluft, Verdichten derselben ohne Wärmeabfuhr, Einspritzen des Brennstoffes in die hochverdichtete Luft von hoher Temperatur in der Weise, daß sich der von selbst entzündende Brennstoff beim Abwärtsgang des Kolbens dem Luftvolumen im Zylinder so anpassen sollte, daß die Temperatur, die 800 °C nicht übersteigen durfte, während der Arbeitsleistung des Kolbens etwa gleichbleiben mußte; schließlich der mit der Austreibung der Abgase verbundene Spannungsabfall.
In diesem Zusammenhang legte *Diesel*, von einer überschwenglichen Hoffnung getragen, in dieser Schrift weiter dar:

Die Maschine hat die Aufgabe, den vollkommenen *Carnot*schen Prozeß direkt mit dem Brennstoff selbst durchzuführen. Dieser Motor ist daher als eine Art Idealtypus zu betrachten ... Diesen Idealtypus müssen wir bemüht sein, uns so weit als möglich zu nähern. Es ist anzunehmen, daß dabei die sehr hohen, bisher noch nicht realisierten Luftcompressionen einige Schwierigkeiten in der Ausführung ergeben werden und daß der mechanische Wirkungsgrad solch hoher Kompressionen anfangs nicht sehr befriedigen wird. Es liegt daher nahe, für den Anfang die Forderungen weniger hoch zu stellen und insbesondere zu untersuchen, welches Opfer an thermischem Wirkungsgrad diejenigen Abweichungen vom vollkommenen Prozeß erfordern, welche auf geringe, praktisch bequemer durchführbare Luftcompressionen führen ...

Der isothermische Verlauf der Verbrennung selbst sollte nicht, wie das beim Ottomotor der Fall war, sich selber überlassen bleiben, sondern durch eine mit größter Präzision arbeitende Steuerung gelenkt werden.
Die besondere Bedeutung des Motors für das Verkehrswesen wurde in dieser Publikation mit folgenden Worten betont:

Wir haben heute lange Eisenbahnzüge, nur um die schweren Lokomotiven auszunutzen, weil dieselben nicht anders gebaut werden können. In einem Zuge sind deshalb die verschiedensten Zwecke vereinigt: jede Person, jedes Gut hat einen anderen Zweck, eine andere Bestimmung, und doch ist alles vereinigt ... Jeder einzelne Eisenbahnwagen wird mit einem eigenen Motor versehen (was mit der vorgeschlagenen Maschine leicht durchführbar) ... Die neueren gewaltigen Schiffsmaschinen nehmen vier bis fünf Achtel des Schiffsraumes ein. Das Gewicht der Maschine, Kessel und Kohlen beanspruchen den größten Teil der Tragfähigkeit des Schiffs. Wieviel hier durch kleinere Maschinen, geringeren Kohlenkonsum, Abschaffung der Kessel zu gewinnen ist, läßt sich kaum absehen. – Die Schiffe können trotz ebenso kräftiger Maschinen viel kleiner ausfallen und doch mehr nützliche Last tragen und schneller gehen ...

Angesichts dieser und anderer Einsatzmöglichkeiten des Motors glaubte *Diesel* schließlich verkünden zu können:

Die Vortheile dieses Motors sind augenfällig, durch den Wegfall der Kessel, Schornsteine, offenen Feuerungen, durch seine Kleinheit und Einfachheit ist derselbe allem Bestehenden gegenüber derart im Vortheil, daß dies allein einen Ersatz der bestehenden Motore durch den neuen rechtfertigen würde. Dazu kommt die Brennmaterialersparnis, welche nicht nur für den Einzelnen, sondern für die Gesamtheit von so hoher Bedeutung ist, daß ihr der Hauptwerth beizumessen wäre, selbst wenn der Motor komplicirter ausfiele als die bekannten ...

Unverzüglich nach dem Erscheinen sandte *Diesel* sein Buch an eine Reihe von hervorragenden Hochschullehrern sowie an einige bedeutende Maschinenfabriken. Diesem fügte er neben den bereits vorliegenden Urteilen der Professoren *von Linde* und *Schröter* ein Schreiben bei, in welchem dargelegt wurde, daß „in einem praktisch leicht ausführbaren Motor

75 bis 80% der Verbrennungswärme beliebiger Brennstoffe in Arbeit umgewandelt werden kann" und bat die Empfänger gleichzeitig, ihm ihre Ansicht über seine Vorschläge mitzuteilen.

Das Echo, das diese Druckschrift auslöste, zeigte nicht nur, daß zum Teil selbst hervorragende Theoretiker die Unausführbarkeit des *Carnot*schen Prozesses nicht erkannten, sondern auch die vertretenen Meinungen überaus unterschiedlich waren, wie *Diesel* selbst berichtete:

Die Veröffentlichung meiner Broschüre löste heftige Kritiken, ... aus, die durchschnittlich sehr ungünstig, ja eigentlich vernichtend ausfielen ... Günstig waren nur drei Stimmen, diese aber von Gewicht. Ich nenne die Namen: *Linde*, *Schröter*, *Zeuner* ...

Professor *Moritz Schröter* äußerte sich nun freudig zustimmend:

... hier (auf der praktischen Seite, *H. L. S.*) liegt naturgemäß die Entscheidung und ich möchte wünschen, daß es Ihnen gelingt ... mit einer in der Stille durchgearbeiteten, technisch fertigen Sache auf den Markt zu treten und am Ende des Jahrhunderts die Dampfmaschine zu entthronen, welche der Anfang desselben auf den Thron erhoben hat! So radikal und kühn ist noch keiner von denen, welche der Dampfmaschine den Untergang prophezeihen, vorgegangen wie Sie und solchem Muth gebührt der Sieg ...

Professor *Franz Reuleaux*, der als Fachmann ebenso bekannt war wie als Direktor der Berliner Gewerbeakademie, gab seiner Anerkennung Ausdruck mit den Worten:

... Ihre Maschine führt abermals einen Stoß gegen die mächtige Dampfmaschine, indem Sie deren Wärmeausnutzung übertrifft. Einmal muß die Technik dahinkommen, den so lange erkannten Mangel ihrer alten Dampfmaschine zu beseitigen ...

Und der große Theoretiker der Wärmemechanik, Professor *Gustav Zeuner* von der Technischen Hochschule in Dresden, teilte *Diesel* begeistert mit:

Theoretisch stelle ich mich auf ihre Seite und freue mich außerordentlich über Ihre Anregung; ich habe lange nichts gelesen, was mich in unserem Fache so sehr interessiert hätte. Ihre beiden Grundgedanken sind durchaus neu und richtig ...

Dafür nahm *Otto Köhler*, Lehrer an der Maschinenbauschule Köln, eine völlig gegensätzliche Stellung ein. Er hatte bereits

1887 in seinem Buch „Theorie der Gasmotoren“ festgestellt, daß der vollkommene Kreisprozeß, abgesehen von der Schwierigkeit, ihn genau durchführen zu können, für die Praxis nicht geeignet sei. Zwar scheine damit ein hoher Nutzeffekt erreichbar, jedoch würden dabei die Anfangspressungen, obgleich der mittlere Druck klein bliebe, so stark ansteigen, daß „die Dimensionen ungeheuer werden würden“ und der Gewinn würde „durch die großen Reibungsverluste aufgezehrt werden“.
Er eröffnete nun *Diesel* mit Schreiben vom 18. März 1893:

... Übrigens halte ich auch eine Wärmekraftmaschine, welche nach dem *Carnot*schen Prozeß *mit Luft* arbeitet, für unmöglich. Die riesigen Kolbendrucke lassen sich nicht umgehen und beanspruchen ein Getriebe von ganz gewaltigen Abmessungen. Hierbei sehe ich von den Schwierigkeiten, den Proceß genau durchzuführen, ganz ab ...

Auch die um eine Stellungnahme gebetenen Praktiker der Maschinenindustrie verhielten sich zurückhaltend, obgleich die wenigsten von ihnen den Fehler erkannten, der in *Diesels* theoretischer Arbeit steckte. Sie sahen vor allem die ungeheuren Schwierigkeiten, die der praktischen Ausführung dieses Projektes entgegenstanden. Nur Oberingenieur *Züblin* von der Maschinenfabrik Gebrüder *Sulzer* in Winterthur glaubte erkannt zu haben, daß ein nach der dargestellten Theorie verwirklichter Motor dadurch, daß die Kompressionsarbeit außerordentlich groß sei, kaum eine Nutzarbeit abgeben würde. Da dieser Einwand auch von Professor *Alois Riedler* von der Technischen Hochschule Charlottenburg geteilt wurde, versuchte *Diesel* nun jene Wärmeausnutzung festzustellen, die in seinem Motor noch erreicht werden könne, selbst wenn er von den denkbar höchsten Verlusten ausging. Dabei kam er zu dem Ergebnis, daß ein „Mindestwert von 30,4 bis 31,6% überhaupt denkbar“ wäre, und das sei immer noch „das $2^1/_2$fache der allerbesten Tripal-Expansionsmaschinen und das 4–5fache der besten mittelgroßen Compoundmaschinen“.
Auch *Eugen Langen*, Direktor der Gasmotorenfabrik Deutz AG, kam zu keinem positiven Ergebnis. Er äußerte sich dahingehend, daß das, was *Diesel* erstrebte, zwar theoretisch richtig sei, kam jedoch nicht umhin, mit aller Deutlichkeit hinzuzusetzen:

Sie werden es mir aber nicht verargen, wenn ich als erfahrener Praktiker erhebliche Bedenken bezüglich der Ausführungs- und Durchführungs-Fähigkeit dieser Anschauungen habe. – Erfahrungen mit Maschinen, welche 300 Touren machen, über 200 Atmosphären Spannung beherbergen, dabei in kaum meßbar kurzer Zeit festes Brennmaterial aufnehmen und consumiren sollen, sind überhaupt nicht gemacht, und ich glaube nicht zu irren, wenn ich annehme, daß diese Erfahrungen mit einer ganz gewaltigen Enttäuschung verknüpft sein würden ...

Angesichts dieser Bedenken wäre *Diesel* bei seinem Bestreben, dem theoretisch dargestellten Motor nun praktische Gestalt zu geben, zweifellos keinen Schritt vorangekommen, wären ihm in dieser Lage nicht zwei wesentliche Veröffentlichungen zu Hilfe gekommen. So sprach Professor *Moritz Schröter* in dem „Bayerischen Industrie- und Handelsblatt" in seiner Abhandlung „Ein neuer Wärmemotor" den in *Diesels* Broschüre dargelegten Gedanken ein uneingeschränktes Lob aus, indem er schrieb:

Bedenkt man ..., in welcher die mangelhafte Ausnutzung der Kohle in der Dampfmaschine und des Leuchtgases im Gasmotor dargelegt wird, wie mühsam Schritt für Schritt der heutige Zustand unserer besten Wärmemotoren erkämpft wurde und wie wenig Aussicht vorhanden ist, daß auf dem bisherigen Weg noch erheblich mehr erreicht werden kann, so scheint in der That der Schluß zwingend zu sein, daß dieser Weg verlassen werden muß und neue Bahnen einzuschlagen sind ...

Gleichzeitig lobte Professor *Schröter Diesels* Druckschrift, in der

mit ebenso viel Klarheit und Besonnenheit in der wissenschaftlichen Grundlage, wie Kühnheit und Originalität in der praktischen Durchführung der Weg vorgezeichnet ist, auf welchem wir hoffen dürfen, dem Ideal des *Carnot*schen Prozesses ganz beträchtlich näher zu kommen, als es bisher möglich war ...

Kurz darauf veröffentlichte die Zeitschrift des Vereins Deutscher Ingenieure eine Besprechung des *Diesel*-Buches von Professor *Max Friedrich Gutermuth*, deren abschließende Worte lauten:

Bei aller Zurückhaltung des Urteils über den technischen Wert des *Diesel*schen Motors, wegen der noch mangelnden praktischen Ausführung, muß doch jetzt schon zugegeben werden, daß er berufen ist, dem Motorenbau jene Richtung zu geben, welche zur technischen Vollkommenheit der Wärmekraftmaschine führt. Außerdem eröffnet die zweckentsprechende Durchbildung des neuen Motors für die ver-

schiedenen Anforderungen der Groß- und Kleinbetriebe sowie der Lokomotiven und Schiffe dem Ingenieur eine vielseitige fruchtbringende Thätigkeit. Die vollkommene Selbständigkeit des Motors, unabhängig von Dampf-, Druckluft-, Elektrizitäts- oder Gasleitungen, der Wegfall des Kessels und Schornsteines, der Feuerung und Rauchbelästigung, in Verbindung mit der weitgehendsten Brennstoffausnutzung werden notwendigerweise auch umgestaltenden Einfluß auf alle mit dem Maschinenbetrieb zusammenhängenden Industrie- und Verkehrsverhältnisse nehmen. – Die hohe wissenschaftliche, technische und wirtschaftliche Bedeutung des *Diesel*schen rationellen Wärmemotors wird seine praktische Entwicklung gewiß beschleunigen . . .

Erst die optimistischen Urteile dieser hervorragenden Persönlichkeiten brachten *Diesel* bei seinem Vorhaben voran, zumal der „Wettlauf der Motoren" noch keineswegs beendet war. Zwar hatten die Benzinmotoren inzwischen die Gasmaschinen zurückgedrängt, dafür waren nun die Elektromotoren als ernstzunehmende Konkurrenten auf den Plan getreten. Allerdings waren diese wiederum von der mit wesentlichen Kosten verbundenen Ausweitung des elektrischen Netzes abhängig. Zum anderen wurde der Ruf nach neuen, für ständig neue Einsatzmöglichkeiten gesuchten Motoren unter den Bedingungen des nach laufend steigender Produktion strebenden Monopolkapitalismus ständig lauter. Deshalb war es kein Wunder, wenn man nun trotz früherer Bedenken, dem „rationellen Wärmemotor" besonderes Interesse entgegenbrachte, zumal er nicht nur die günstigste Wärmeausnutzung versprach, sondern auch die Möglichkeit zu eröffnen schien, sowohl bei kleinem Leistungsbedarf eingesetzt zu werden als auch als Großmotor in Anwendungsgebiete einzudringen, die bisher der Dampfmaschine vorbehalten war. Dazu kam, daß sich der außerdem explosionsgefährliche Brennstoff Benzin für stationäre Zwecke auf die Dauer zu teuer stellte, weshalb man längst danach strebte, die wesentlich billigeren Abkömmlinge des Erdöls einzusetzen, die man aber in Benzinvergasern wiederum nicht mit Luft zu mischen vermochte. Dabei stellte auch der von *Herbert Stuart Acroyd* (1864–1927) 1894 erfundene Glühkopfmotor, der – obwohl er zur Zündung einen Glühkörper benötigte – vielfach fälschlicherweise als eine Vorerfindung des Dieselmotors angesehen wird, nicht die gesuchte endgültige Lösung dar.

In dieser Situation erklärten sich im Hinblick auf die zu einem späteren Zeitpunkt zu erwartenden hohen Profite zwei der größten und bedeutendsten Maschinenfabriken Deutschlands, die Maschinenfabrik Augsburg und das Stahlwerk Krupp in Essen, bereit, den *Diesel*schen Motor praktisch zu verwirklichen. Dabei kam es – eine für diese Zeit typische Erscheinung des Kapitalismus – zur Bildung eines Konsortiums Augsburg-Essen, welches das Ziel hatte, die erforderlichen Versuche in Augsburg auf gemeinsame Rechnung durchzuführen und die Erfindung gemeinschaftlich auszubeuten. Als zwei Monate später noch die Maschinenfabrik Gebrüder *Sulzer* in Winterthur für das gleiche Vorhaben gewonnen werden konnte, waren die von *Diesel* seit langem gesuchten materiell-technischen Voraussetzungen für die praktische Verwirklichung seiner Idee gegeben, zumal man den Erfinder darum bat, auch die nun anlaufenden Versuchsarbeiten so lange zu leiten, bis ein verkaufsfähiger Motor hergestellt war. Damit begann eine neue entscheidende Phase.

In dieser Zeit hatte *Diesel* längst erkannt, daß die *Carnot*sche Theorie tatsächlich nicht praktisch zu verwirklichen war, da seine darauf fußenden Berechnungen von einem zu geringen Brennstoffverbrauch ausgegangen waren. So hatte er, um die Isotherme als Verbrennungskurve zu erhalten, vorher damit gerechnet, auf 100 Gewichtsteile verdichtete Luft dem Brennraum höchstens einen Gewichtsanteil Brennstoff zuführen zu müssen. Ein derart stark verdünntes Brennstoff-Luft-Gemisch vermochte jedoch, wie vor allem von *Otto Köhler* erkannt worden war, tatsächlich keine nennenswerte Arbeit zu leisten. Ja, der isothermische Verbrennungsablauf nach *Carnot* schien jetzt schon deshalb nicht praktisch ausführbar, weil ein nach diesem Prozeß arbeitender Motor wegen Brennstoffmangels gar nicht in Gang käme, da ein derart mageres Gemisch weder zünden noch brennen würde.

In diesem Zusammenhang fand *Diesel* mit seinem „geänderten Verbrennungsprozeß“ endlich das brauchbare Verbrennungsverfahren, durch das sein Motor erst ausführbar wurde. Davon legen seine „Nachträge zur Broschüre“ Zeugnis ab, deren wichtigsten Teil die „Schlußfolgerungen über die definitiv f. d. Praxis zu wählende Arbeitsmethode des Motors“ darstellen, die noch vor Beginn der ersten Versuche in Augsburg niedergeschrieben wurden und vor allem darin bestehen:

1. Wir dürfen die Luft nicht combinirt isothermisch-adiabatisch comprimiren, sondern nur rein adiabatisch.

2. Wir dürfen die Expansion nicht bis auf atm. Druck gehen lassen, da dadurch die Cylinderdimensionen sehr groß werden. Bei vollständiger Expansion (also bis auf das urspr. angesaugte Volumen) werden die Cylinder für gleiche Leistung erheblich kleiner ... Ohne zu definitiven Resultaten zu gelangen, haben wir bereits bei Untersuch. der Arbeitswiderstände gesehen, daß

3. die Vergrößerung des Indicatordiagramms für ein und denselben Cylinder sehr wünschenswerth ist. Denn die passiven Widerstände desselben Cylinders (mit seinem Triebwerk) sind fast als constant zu betrachten; je größer also das Indicatordiagr. des Cylinders, je größer wird dessen effective Leistung und es ist nicht ausgeschlossen, daß selbst bei geringerem therm. Wirkungsgrad, trotzdem ein größerer effectiver Wirkungsgrad zu erreichen ist, wenn das Diagramm größer ist ...

Außerdem erkannte *Diesel* nun wesentlich niedrigere Drücke als durchaus brauchbar an, wenn er schreibt:

Wenn es aber durchaus darauf ankommt, mit niedrigeren Drucken zu arbeiten, so kann man doch bis auf Compr. auf 500 Grad heruntergehen (also etwa 30 atm) ...

Eine ebenso richtige wie erstaunliche Erkenntnis, da der dritte Versuchsmotor vom Jahre 1897 schließlich mit diesem Druck arbeitete und sich die Druckreduzierung angesichts anderer unvorhergesehener zahlreicher Schwierigkeiten beim Bau des Motors als sehr wichtig erweisen sollte.

Obwohl sich *Diesel* damit von der Vorstellung einer isothermischen Verbrennung befreit hatte, zumal sich schon bei den ersten Versuchen zeigte, daß bereits bei 30 Atmosphären Verdichtungsdruck die gewünschte Selbstentzündung des Brennstoff-Luft-Gemisches eintrat, wagte er nicht, in der Öffentlichkeit einzugestehen, daß *Otto Köhler* recht hatte. Als von diesem in der Zeitschrift des Vereins Deutscher Ingenieure eine ungünstige Abhandlung über den *Diesel*schen Motor erschien, begründete *Diesel* sein Stillschweigen darüber Professor *Zeuner* gegenüber am 27. September 1893 mit den Worten:

Ich persönlich werde *Köhlers* Aufsatz nicht beantworten, da bei eröffneter Versuchsperiode Rechnungen und Prophezeiungen nicht mehr zeitgemäß sind und die gute Sache sich ganz von selbst Bahn brechen wird ...

Der wirkliche Grund, der öffentlichen Diskussion auszuweichen, mag wohl darin bestanden haben, daß *Diesel* sonst sein Patent DRP 67207, das gerade auf der Durchführbarkeit des *Carnot*schen Prozesses fußte, gefährdet hätte. Außerdem wäre er, der mit der Maschinenfabrik Augsburg und dem Stahlwerk Krupp in Essen einen Lizenzvertrag zur Verwertung seines Patentes abgeschlossen hatte, zweifellos um die Früchte seiner bisherigen enormen Bemühungen gebracht worden. Dieses Verschweigen des erkannten Irrtums sollte später für den Erfinder zu einer Quelle nicht abreißender und überaus aufreibender Patentprozesse werden.

3.3. Die Entstehung des Dieselmotors, der besten Wärmekraftmaschine der Welt

Im April 1893 nahm *Rudolf Diesel* in der Maschinenfabrik Augsburg, in einem von der großen Montagehalle durch Holzwände abgetrennten Raum seine Tätigkeit auf, um – von Studienfreund *Lucian Vogel* und Monteur *Hans Linder* unterstützt – seiner Theorie vom „rationellen Wärmemotor" nun praktische Gestalt zu geben. Dabei war er sich vollkommen im klaren darüber, daß er, obzwar er bereits viele Stufen der Praxis durchlaufen hatte, vor einer völlig neuen Aufgabe stand, zumal es sich in diesem Falle um etwas handelte, für dessen Herstellung bisher keinerlei praktische Erfahrungen vorlagen. Dennoch fest von der Verwirklichung seiner Idee überzeugt, sah er die „Erforschung der physikalischen und chemischen Erfordernisse des Arbeitsprozesses und der besten Arbeitsbedingungen der Maschine sowie die Durchbildung der typischen konstruktiven Einzelheiten als Grundlage für die spätere fabrikationsmäßige Herstellung der Maschine" an.
Obwohl auch hier von einem ungeheuren Arbeitspensum belastet, erwies sich der Erfinder von allem Anfang an auch als ein Experimentator von seltener Geschicklichkeit, der in seiner Begeisterung für das Begonnene bereits am 15. Juli, als er seine

Abb. 10. Die Versuchswerkstatt für den ersten Dieselmotor in der Maschinenfabrik Augsburg im Juli 1893

Familie in Berlin besuchte, aus gestiegenem Selbstbewußtsein heraus mitteilen zu können glaubte:

Morgen früh, Sonntag, reise ich also nach Augsburg zum wichtigsten und entscheidendsten Moment meines Lebens ...

Aber die Montagearbeiten waren weit zeitraubender, als er annahm, was wunder, wenn er Mühe hatte, seine steigende Ungeduld in einer vierzehn Tage später geschriebenen Nachricht zu unterdrücken:

Auch heute noch (29. Juli) ist der Motor noch nicht soweit fertig, daß ich einmal das eigentliche Arbeitsprincip probiren könnte, und es ist nicht unwahrscheinlich, daß darüber noch die erste Woche August abläuft. Erst dann werde ich endlich Petroleum einspritzen können und constatiren, inwieweit meine Theorie richtig ist. Dann aber wird sich im Betrieb noch so Manches zeigen, was noch zu verändern ist. – Ich glaube, daß die ganze Sache wohl 4 bis 5 Wochen dauern wird ... dieses Mal muß ich Geduld haben, Geduld in jeder Beziehung ...

Der obere Teil des auf einem hohen Fundament stehenden Motorzylinders, der keinen Wassermantel hatte, war überaus dünn, der untere ähnelte geradezu einem Rohr. Der Tauchkolben des etwa drei Meter hohen Motors von 150 Millimetern Durchmesser besaß bei einem Hub von 400 Millimetern eine runde Kreuzkopfführung und war über eine Pleuelstange mit der Kurbelwelle verbunden. Das auf dieser sitzende Schwungrad trieb über Zahnräder sowie eine liegende Zwischenwelle die am Gestell gelagerte Steuerwelle an, die über Nockenscheiben und lange Gestänge wiederum auf die Ventile einwirkte. Dazu ein *Linde*scher Ammoniakkompressor, der die zum Anlassen benötigte Druckluft liefern sollte und eine Transmissionswelle, die – von der Hauptantriebswelle des angrenzenden Hallenraumes angetrieben – das Schwungrad des Motors in Drehung versetzen sollte, um durch systematisches Einlaufen der bewegten Teile die anfänglich zu erwartenden erheblichen Reibungswiderstände im Motor herabzusetzen.

Als der Motor am 10. August 1893 über die Transmission in Bewegung gesetzt wurde und durch die Brennstoffpumpe im Augenblick höchster Verdichtung ein Brennstoffstrahl in die hocherhitzte Luft des Arbeitszylinders eingespritzt wurde, erfüllte ein ungeheurer Knall den Raum, durch den gleichzeitig Stücke des durch eine heftige Explosion zerstörten Indikators flogen. Von jähem Entsetzen wie von fassungsloser Bewunderung zugleich erfaßt, schrieb *Diesel* angesichts dieser „heftigen bejahenden Antwort" des Motors, von der Richtigkeit seiner Idee überzeugter denn je, in sein Journal:

Die Zündung erfolgte sofort, das Diagramm ergab Explosionspressungen bis zu 80 Atmosphären ...

Und seiner Frau berichtete er noch unter dem Eindruck des Geschehnisses:

Nächste Woche also sollen entscheidende Versuche mit meinem Motor vorgenommen werden. Der Erfolg ist jetzt, nach genauer Prüfung der Einzelheiten, nicht mehr zu bezweifeln; namentlich die grundlegenden Prinzipien haben sich schon jetzt als richtig herausgestellt ...

Allerdings hatte dieser erste mit dem Motor gemachte Versuch, bei dem sich von vornherein gezeigt hatte, daß sich der eingespritzte Brennstoff in der hochverdichteten, heißen Luft von selbst entzündete, lediglich eine Verdichtung von knapp 18 Atmosphären ergeben. Deshalb wurden anschließend laufend

Veränderungen an Kolben und Ventilen vorgenommen, wodurch es schließlich gelang, die Verdichtung auf 33–34 Atmosphären zu erhöhen. Dabei mußte *Diesel* bei seiner Jagd nach dem Höchstmöglichen erkennen:

Der wirtschaftliche Wirkungsgrad ist ein Maximum bei Kompressionen zwischen 30 und 40 Atmosphären und 500 und 600°. Höhere Kompressionen als diese nützen nichts, weil der Gewinn am thermischen Wirkungsgrad durch den Verlust am mechanischen aufgewogen wird und weil die Raumleistungen bei höherer Kompression infolge der großen *Reibungsverluste* wieder abnehmen.

Deshalb strebte der Erfinder nun höhere Kompressionen nicht mehr an; dazu eine Verbrennung bei konstantem Druck und einer höchstmöglichen Temperatur.
Bereits am 18. August konnte er nach einer Reihe weiterer, mit äußerster Gewissenhaftigkeit durchgeführter Versuche freudig mitteilen:

Der Motor hat heute seinen ersten selbständigen Ruck gethan; nur einmal herum; aber das Princip ist damit gerettet. – Unsere Ambition geht nur vorläufig dahin, daß er ein Bischen alleine herumläuft und dann machen wir Pause . . .

Als sich nach achtunddreißig Tagen die Versuchsmöglichkeiten mit dem Motor erschöpft hatten, schrieb der Erfinder am 22. August:

Der Motor, wie er jetzt ist, geht nicht; es müssen erst alle die Flickereien, die daran sind, entfernt und an deren Stelle gute, sachgemäß hergestellte Mechanismen gesetzt sein . . . Der erste Motor geht nicht, der 2te wird unvollkommen gehen und der dritte wird gut; leider geht es nicht schneller, es muß eben alles tropfenweise zusammengetragen werden. Die ersten Versuche haben die Durchführbarkeit der Idee nachgewiesen und meine Zuversicht in das Gelingen nun auch durch praktische Erfahrungen gestärkt; alle hier sind darüber einig, daß 5 Wochen Versuche für solch ein Werk kaum erwähnenswerth sind; wir haben solch eine Riesenarbeit hinter uns, daß alle Betheiligten erschöpft sind . . . Ausspannung thut noth; dieselbe wird dazu benutzt, die nöthigen Änderungen zu machen und dann gehts wieder los.

Dennoch bedrückt darüber, daß es ihm bisher nicht gelungen war, bei der Maschine einen selbständigen Lauf zu erzielen, reiste *Diesel* nach Berlin, um hier zusammen mit Ingenieur *Johannes*

Nadrowski in fanatischem Eifer die Zeichnungen für einen völligen Umbau der ersten Maschine anzufertigen. Hier siedelte er mit Familie im Herbst nach Charlottenburg, Kantstraße 153 um, wo „ein bürgerlich-städtischer Geist der Arbeit, der Wissenschaft, des Fortschritts“ herrschte. In dieser Zeit erarbeitete der Erfinder, nachdem er vorher eingehende Studien an Gas- und Petroleummotoren angestellt hatte, auch die Unterlagen für sein zweites Patent, DRP 82168, womit die

Veränderung der Leistung durch Veränderung der Gestalt der Verbrennungskurve, und zwar durch Einblasen eines einfachen oder gemischten Brennstoffstrahles in den Verdichtungsraum der Maschine bei wechselndem Überdruck und veränderlicher Dauer der Brennstoffeinführung herbeigeführt

geschützt wurde und der Erfinder dem später entwickelten Dieselmotor ein wesentliches Stück näher kam. Damit wurde zwar der dem DRP 67207 zugrunde liegende Irrtum in bestimmten Grenzen berichtigt, jedoch in so verschleierter Form, daß man – da die Kenntnisse von den Vorgängen im Verbrennungsraum eines Motors noch immer überaus mangelhaft waren – dieses für eine Fortsetzung des Grundpatentes hielt.

Als *Diesel* am 18. Januar 1894 wieder nach Augsburg zurückkehrte, wobei er nicht mehr wie anfangs im Hotel, sondern bei seinem Schwager Professor *Barnickel* im Hause Springergäßchen C 94 Quartier nahm, war der Umbau des Motors nahezu vollendet. Der Erfinder gestand seiner Frau voller Begeisterung:

Ich habe viel Liebe, einen wahrhaften feuerspeienden Berg, der in mir glimmt, der aber erst zum Ausbruch kommt, wenn mein Motor geht und ich Dir gehorsamst melden kann: Es ist soweit ... Ich gebe nicht gern Wünsche und Hoffnungen für Thatsachen, aber ich glaube, daß die besten Hoffnungen berechtigt sind, und daß ich dieses Mal definitiv als Sieger über die Materie aus dem Kampf hervorgehen werde, wenn auch noch nicht in überschwänglicher Weise, so doch principiell ...

Nachdem mit dem fertiggestellten Motor eine Reihe von Vorversuchen unternommen worden waren, beschloß *Diesel*, da er nicht in der Lage war, den Brennstoff zuverlässig einzuspritzen, durch Monteur *Linder* dazu ermuntert, den flüssigen Brennstoff mit Luft einzublasen, die noch höher gespannt war als die im Zylinder befindliche. Dazu war wiederum eine Hochdruckluft-

pumpe notwendig, wodurch der Motor nicht nur schwerer, sondern auch komplizierter wurde.
Als am 17. Februar 1894 ein erneuter Versuch gemacht wurde, konnte zur Überraschung aller festgestellt werden, daß der vorher gespannte Teil des zur Transmission führenden Treibriemens, der bisher den Motor angetrieben hatte, mit einem Male schlaff wurde, während sich das bisher schlaff hängende Riementrum straffte. *Diesel* erkannte zu seiner großen Freude, daß damit ein Wechsel der treibenden Kraft stattgefunden hatte. Der Motor, der bisher vom Riemen angetrieben worden war, zog – seine erste selbständige Kraftäußerung – den Riemen nun selbst. Allerdings dauerte dieser Leerlauf, bei dem die Kurbelwelle eine Drehzahl von 48 Umdrehungen pro Minute machte, nur eine Minute.
Trotzdem war der Erfinder optimistisch wie lange nicht mehr. Aber schon die nächsten Versuche ergaben, daß dieser erste Erfolg nur ein zufälliger war. Daraufhin griff *Diesel* auf die direkte Einspritzung ohne Luft zurück, bei der wiederum die auftretenden gefährlichen Explosionen sehr heftig waren. Erst als er abermals zur Einblasung zurückkehrte und die gleichen Bedingungen herstellte, unter denen der Motor erstmalig selbständig gelaufen war, kam es zu einem 36 Minuten lang dauernden Lauf. Allerdings waren die dabei auftretenden Reibungsverluste so groß, daß es immer noch zu keiner effektiven Leistung kam.
Nach einer Reihe weiterer Versuche berichtete *Diesel*:

Das Einblasen sowohl selbsterzeugter als auch von der Luftpumpe erzeugter Druckluft ist eine brauchbare Methode; es müssen aber noch Mittel gefunden werden, die Brennstoffmenge in dem einblasenden Luftstrom gleichmäßig zu verteilen ...

Und das Ergebnis dieser zweiten Versuchsreihe faßte er mit den Worten zusammen:

Leerlauf, Arbeit erzielbar! Einige grundsätzlich richtige Diagramme. Erforschung unmöglich, welche Bedingungen zur Wiederholung erforderlich sind ... Sämtliche Methoden, den Brennstoff in flüssiger Form einzuführen, haben den gemeinsamen Nachteil, zuviel zur Vergasung des Brennstoffs zu erfordern ...

Deshalb glaubt *Diesel* – schon kurz vor dem Ziel – in der Hoffnung, dadurch alle noch auftretenden Schwierigkeiten mit einem

Male zu überwinden, den — wie sich zeigen sollte — falschen Schluß ziehen zu können:

Sämtliche Nachteile werden wahrscheinlich vermieden, wenn man den Brennstoff dampfförmig einführt ...

In dieser Zeit, da während der unterbrochenen Versuche ein brauchbarer Vergaser zur Einführung dampfförmiger Brennstoffe hergestellt wurde, ließ folgende, das kapitalistische System charakterisierende Notiz der „Münchener Allgemeinen Zeitung" aufhorchen:

Maschinenfabrikaktien haben ihren Curswert in raschen Sprüngen um ca. 30 Pr. erhöht. Man bringt diese Steigerung mit den ungemein starken Aufträgen in Verbindung, welche die Fabrik angeblich kaum zu bewältigen im Stande ist. Außerdem munkelt man von einer wertvollen Erfindung im Motorenbau, deren Ausnutzung sie sich gesichert habe und welche große Erfolge versprechen soll.

Zur gleichen Zeit reiste *Diesel*, obgleich an starkem Kopfschmerz leidend, nach Frankreich und Belgien, um bereits Verbindungen zur Auswertung seiner Erfindung aufzunehmen.
Als sich die Vorbereitungen auf die dritte Versuchsreihe, die neben Augsburg, Essen und Winterthur auch die neu gewonnenen ausländischen Firmen mit gespannter Erwartung verfolgen, ab Juni weit länger hinzogen, als er angenommen hatte und man deshalb bei Krupp bereits unruhig zu werden begann, eilte *Diesel* nach Essen und beschwor hier:

Das sind die Schwierigkeiten und Kämpfe, die jedem „Propheten" begegnen ... Was für eine Schlacht ist doch das Leben!

Kurz darauf glaubte der Erfinder, dem jetzt Monteur *Schmucker* bei seiner Arbeit hilft, berichten zu können:

Die Motorsache steht so: Das erlösende Wort kann ich auch dieses Mal nicht ausrufen, aber für den Kenner ist nur noch der Ruck notwendig, für den nun wiederum einige Änderungen nötig sind! Ich kann zuversichtlich sagen, daß ich bei den nächsten Versuchen triumphieren werde ... In längstens einer Woche bin ich damit fertig ... wie ich glaube zum definitiven Erfolg ...

Da sich diese Hoffnung jedoch nicht erfüllte, ließ sich der seit Monaten gesundheitlich stark geschädigte Erfinder, von Arzt und Frau unablässig dazu gedrängt, zu einer mehrwöchigen Erholung in das abseitige Harzdörfchen Hasserode bewegen. Allerdings fand er, weil er mit aufgepeitschten Nerven an das denken mußte, was in Augsburg vorbereitet wurde, nicht die notwendige innere Ruhe hier.

Als nach seiner Rückkehr auch die Zuführung von Lampenpetroleum- und Benzindämpfen mittels des eingebauten neuen Verdampfers keine besseren Ergebnisse brachte, wandte sich *Diesel*, obwohl er von allem Anfange an gerade die Fremdzündung ausschalten wollte, an *Robert Bosch* (1861–1942), der seinerzeit die besten Magnetzündapparate herstellte. Aber auch ein von diesem eingesetzter Apparat brachte keine Lösung des Problems. So mußte *Diesel* nach 6 Monaten aufreibender Versuche bekennen, daß auch diese Versuchsreihe infolge eines „hartnäckigen Trugschlusses" gescheitert war. Dennoch dachte er, wie sein Schreiben vom 3. Oktober 1894 an seine Frau zeigt, nicht im entferntesten daran, seinen Motor aufzugeben, zumal er den von ihm eingeschlagenen Irrweg erkannt hatte:

Leider bin ich auch dieses Mal nicht zum Ziel gekommen, füge aber gleich hinzu, daß mich das nicht etwa entmuthigt, sondern daß ich auch dieses Mal wieder viel gelernt und erfahren habe, und mich dem Ziele wieder beträchtlich näher fühle ... Leider habe ich im Frühjahr, als ich rascher als erhofft schon halb am Ziele war, den Weg nicht verfolgt, sondern eine andere Richtung eingeschlagen, glaubend etwas Besseres dabei zu finden. Heute sehe ich, daß der damalige Weg richtig war und nur weiter zu entwickeln ist. Ich muß also die Resultate vom Februar zunächst wieder herstellen und dann ausbauen. Da alles noch vorhanden ist, so wird keine umfassende und zeitraubende Änderung nöthig und ich kann schon bald weitermachen. Getreu meinem Prinzip „Ich will!" schreite ich langsam und sicher voran ...

Dennoch war von dem Erfinder die Lage, in der er sich befand, als recht bedrückend empfunden worden, Was sollte er tun, wenn sich seine Vertragspartner in dieser Situation von weiteren kostspieligen Versuchen distanzierten? Zu einem späteren Zeitpunkt gestand er in diesem Zusammenhang:

Diese Periode war die schlimmste der ganzen Entwicklungszeit, und es bedurfte des ganzen Vertrauens aller Beteiligten in die wissenschaftliche Wahrheit, die uns leitete, um die Sache damals nicht fallen zu lassen ...

Nun machte *Diesel* den Vorschlag, einen Motor für gasförmige Brennstoffe zu bauen, um – da bei diesen geringere Schwierigkeiten bei der Zündung zu erwarten waren – aus entsprechenden Versuchen mit ihnen Rückschlüsse auf das Verhalten flüssiger Brennstoffe ziehen zu könen. Aber es kam nicht dazu. Als der

Erfinder kurz darauf mit Hilfe eines fertiggestellten äußeren Vergasers für flüssige Brennstoffe Benzin in den Zylinder einspritzte, ergab der mit einem Male wieder laufende, wenn auch immer noch nicht zufriedenstellende Motor „die ersten grundsätzlich richtigen Diagramme".

Daraufhin bat *Diesel* die beteiligten Firmen, die teilweise bereits den Glauben an seinen Motor zu verlieren begannen, Vertreter nach Augsburg zu schicken, um sie am 12. Oktober 1894 an einem solchen Versuch teilnehmen zu lassen. Danach berichtete er voller Genugtuung:

> Man hat allgemein zugestanden, daß ich ungemein nahe am Ziele sei, daß nur irgend eine unaufgeklärte Zufälligkeit hindernd im Wege sei und beschlossen, die Versuche bis auf Weiteres in Augsburg fortzuführen ... *Buz* ist derjenige, der die Sache durch dick und dünn stützt und der noch keine Minute lang einen Zweifel oder eine Ungeduld gezeigt hat ...

Bei dem folgenden Umbau – es handelte sich dabei immer noch um den Motor von 1893 – wurde der Kolbendurchmesser auf 220 Millimeter erhöht und der neue Zylinder mit einem angegossenen Kühlmantel versehen, da es sich bei den Versuchen gezeigt hatte, daß die große Hitze im Zylinderinnern das Material bei längerem Betrieb zum Schmelzen bringen würde.

Bei den unter Mitwirkung von *Diesels* neuem Assistenten *Fritz Reichenbach* am 26. März 1895 vorgenommenen ersten Vorversuchen stellte sich heraus, daß die Petroleum-Luft-Nebel zündeten und restlos verbrannten. Damit war der Beweis erbracht, daß der Motor mit flüssigen Brennstoffen, vor allem mit Lampenpetroleum, betrieben werden konnte, zumal es eine besonders ruhige Verbrennung garantierte. Nun trat das Erdöl als krafterzeugender Brennstoff erster Ordnung erst recht immer stärker neben die Kohle.

Als *Diesel* in der festen Überzeugung, daß sein Motor auch bald mit Rohöl laufen würde, am 29. April zur eigentlichen Versuchsreihe überging, lief die Maschine, die bei einer Drehzahl von 200 min^{-1} eine indizierte Leistung von 23 PS und bei 300 min^{-1} von 34 PS hatte, ohne Versager völlig selbständig. Voller Freude berichtete der optimistische Erfinder der Frau:

> Zu unserem diesmaligen Verlobungstage kann ich Dir die Nachricht geben, daß der Motor seine Pflicht gethan hat, wenn auch nur auf

kurze Zeit, aber gethan hat er sie und ich sehe das eigentliche Erfindungsziel jetzt als abgeschlossen an; jetzt können wir beruhigt der Zukunft entgegen sehen ... und dann wird es noch kurze Zeit dauern, bis alle von dem gelungenen Werke überzeugt sein werden ...

Und am 26. Juni 1895 ließ der Erfinder, nachdem er mit seinem Motor bereits einen effektiven Wirkungsgrad von 26,6% erreicht hatte, voller Selbstbewußtsein und ungewöhnlichem Stolz seine Frau wissen:

Mein Motor macht immer noch große Fortschritte; ich bin jetzt so weit über Allem, was bisher geleistet wurde, daß ich sagen kann, ich bin in diesem ersten und vornehmsten Fache der Technik, dem Motorenbau, der Erste auf unserem kleinen Erdbällchen, der Führer der ganzen Truppe diesseits und jenseits des Ozeans.

Und über die während dieser Versuchsperiode erzielten Resultate berichtete er stolz am 8. Juli 1895:

Wir verbrauchten demnach nur 0,6 vom Brennstoff der anderen und unsere Maschinen sind nur 0,58mal so groß für die gleiche Arbeit. Ich bin weit entfernt, diese Resultate als definitiv hinzustellen, sie sind im Gegenteil noch sehr unvollkommen, schon deshalb, weil der Motor nur mit $^3/_4$-Leistung arbeitet. Bei unseren Versuchen wurde die zum Einblasen des Petroleums nöthige Luft noch von einem extra aufgestellten Kompressor geliefert. Die Luftmenge ist – laut Messungen – so gering, daß sie die obigen Resultate nicht wesentlich beeinflußt. Wir sind jedoch jetzt damit beschäftigt, dem Motor eine eigene Luft- bzw. Gaspumpe zu entwerfen ...

Und in dem Glauben, daß bereits im Herbst die Fabrikation der Maschine aufgenommen werden kann, stellte *Diesel* Ende Juli höchst selbstbewußt fest:

Ich stehe in *jeder* Beziehung schon jetzt weit über allem Bisherigen, bin aber ehrgeizig und möchte noch mehr.

Dadurch, daß *Diesel* die Arbeit immer stärker in Anspruch nahm und er somit weniger denn je in der Lage war, seine noch immer in Berlin wohnende Familie besuchen zu können, schlug er, der dem kulturellen Leben gegenüber außerordentlich aufgeschlossen war und nach geistiger Anregung strebte, seiner Frau nicht Augsburg, sondern die Haupt- und Residenzstadt München als neuen Wohnort mit den Worten vor:

In München hat man dann die schöne, leicht zu erreichende Umgebung, den Fremdenverkehr, die Museen, die herrlichen Kunstausstellungen, das Theater, die geistige Anregung der großen Stadt, in welcher Kunst und Wissenschaft blühen und die Möglichkeit eines Verkehrs mit geistig bedeutenden Leuten.

Schon am 5. Oktober 1895 bezog die Familie in der Giselastraße 14 in Schwabing eine Parterrewohnung.

Nachdem mit der angebauten Luft- und Petroleumpumpe „eine selbständig arbeitende Maschine geschaffen" worden war, die sich im Dauerbetrieb vollkommen bewährt hatte, kam es am 20. Februar 1896 in Augsburg zu einer Konferenz, bei der auf Grund der gemachten Erfahrungen beschlossen wurde, alle Versuchsarbeiten mit dem noch immer „ersten Dieselmotor der Welt" zunächst einzustellen, sofort neue Werkstattzeichnungen für die Herstellung eines neuen Einzylindermotors mit 250 Millimetern Zylinderdurchmesser und 400 Millimetern Hub anzufertigen und diesen unverzüglich in zwei Exemplaren zu bauen.

Als der neue Motor, den *Diesel* mit Ingenieur *Imanuel Lauster* (1873–1948) konstruierte und der „einen gewaltigen Sprung nach vorwärts" darstellen sollte, am 6. Oktober fertiggestellt war, wurde abermals mit Versuchen begonnen. Bereits am 21. Dezember 1896 glaubte *Diesel* über die dabei gemachten Erfahrungen in einem zusammenhängenden Bericht zum Ausdruck bringen zu können:

Summa summarum werde ich gegen Ende Januar 1897 einen vollständig reifen, schönen und ökonomischen Motor haben, mit welchem sicherlich der Sieg unser ist.

Ende Januar 1897 war nach der Durchführung von sechs Versuchsreihen in der auffallend kurzen Zeit von einem halben Jahr das Ziel erreicht: ein Motor, der bei einer Verdichtung auf 30–33 Atmosphären pro Pferdekraftstunde einen Brennstoffverbrauch von nur 258 Gramm hatte. Kein Motor der Welt nutzte den Brennstoff in einem so hohen Maße. Dabei war *Diesel* überzeugt davon, daß dieser Verbrauch durch die weitere Vervollkommnung der Maschine noch wesentlich gesenkt werden konnte.

Die Nachricht über diesen ungewöhnlichen Motor verbreitete sich wie ein Lauffeuer, was wunder, wenn die Maschinenfabrik Augsburg in den folgenden Wochen und Monaten den nicht

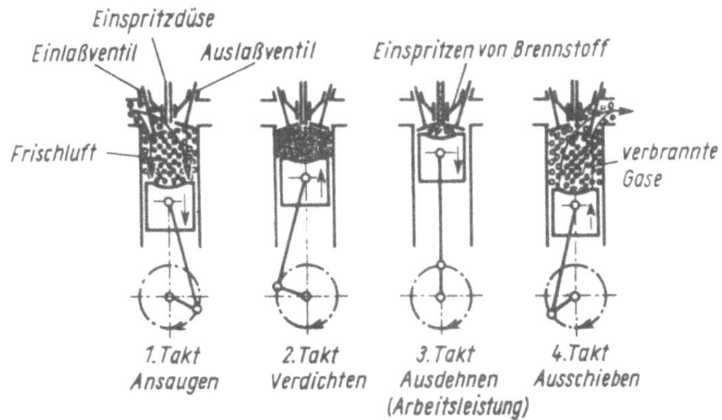

Abb. 11. Arbeitsprinzip des Viertakt-Dieselmotors

abebbenden Strom an Besuchern kaum aufzunehmen vermochte. So traf am 17. Februar 1897 auch Professor *Moritz Schröter* hier ein, der bereits vier Jahre vorher den Mut hatte, schon auf Grund von *Diesels* Broschüre öffentlich für die Richtigkeit der erfinderischen Grundgedanken des neuen Arbeitsverfahrens einzustehen. Er berichtete über die in seiner Anwesenheit durchgeführten Versuche wunschgemäß dem Konsortium:

Nach dem Gesamtergebnis der Versuche kann ich das Urteil über denselben dahin zusammenfassen, daß derselbe schon in seiner derzeitigen, noch nicht alle Vorteile realisierenden Ausführung als Einzylinder-Viertaktmotor an der Spitze aller Wärmekraftmotoren steht ...

Und bei einem Festessen rief er später begeistert aus:

Ich bin stolz darauf, als wissenschaftlicher Taufpate des Motors erwählt worden zu sein, und gebe ihm hiermit den menschheitsbeglückenden Namen „Motor der Zukunft"!

Dem Professor *Gustav Zeuner* teilte *Diesel* voller Genugtuung mit:

Nach langjährigen Versuchen der mühsamsten Art, nach Überwindung ganz ungeahnter Schwierigkeiten ist es gelungen, eine schön und sanft laufende, sehr einfache und leicht zu handhabende Maschine herzustellen, welche den von mir vorgeschlagenen Prozeß verwirklicht (zunächst mit flüssigen und gasförmigen Brennstoffen) und damit Resultate erzielt, welche *weit* über allem bisher erreichten stehen.

Abb. 12. Der Dieselmotor von 1897

Und seiner Frau in München versicherte *Diesel* auf diesem Höhepunkt seiner Laufbahn mit Worten, die ihn als festen integrierten Bestandteil des wilhelminischen Deutschland ausweisen und die uns heute ob ihrer Euphorie und Markigkeit (wie die schon zitierten Ausspüche auch!) eben daran erinnern:

Noch kein menschlicher Motor hat das erreicht, was der meine ergab, und so habe ich denn das stolze Bewußtsein, in meinem Fache der Erste zu sein, was mir lieber ist, als der Michelsorden oder der Geheimratstitel ...

In der Tat, es war tatsächlich ein Motor geschaffen worden, der alle anderen weit hinter sich ließ. Er benötigte weder Kessel noch Gaswerk, weder explosionsgefährliches Benzin noch Vergaser, sondern arbeitete mit Brennstoffen, die bisher gar nicht oder höchst unvollkommen in Motoren arbeiteten; er war sofort betriebsbereit und konnte ohne Kurbel einfach durch das Öffnen eines Hahnes mit Druckluft angelassen werden, nutzte den Brennstoff drei- bis viermal besser als die Dampfmaschine und fast doppelt so gut wie die Gasmotoren. Der normale Diesel-Viertaktmotor mit direkter Ansaugung aus der Atmosphäre war entstanden, der bereits alles besaß, was zu einer von den Stößen plötzlicher Explosionen freien „Gleichdruckmaschine“ gehörte: Luft- und Brennstoffpumpe, Nadelventile, Anlaßvorrichtung und die richtige Lage und Gestaltung des Verbrennungsraumes. Aus der Theorie vom „rationellen Wärmemotor“, der gerade durch die Vermeidung einer größeren Temperaturerhöhung und den damit möglichen Wegfall der Wasserkühlung einen bedeutend höheren Wirkungsgrad, als man bisher gekannt hatte, garantieren sollte, war nach nahezu vier Jahren unablässigen Experimentierens der „klassische“ Dieselmotor mit Wasserkühlung und einer wesentlich über der Kompressionstemperatur liegenden Verbrennungstemperatur geworden. Die beste Wärmekraftmaschine der Welt war Wirklichkeit geworden; ein neues, bedeutendes Kapitel der modernen Technik aufgeschlagen.

4. DER KAMPF DER ERFINDER WIDER IHRE PATENTGEGNER

4.1. *Um die Priorität des Viertaktmotors von Otto*

In der Zeit, da sich in Deutschland die sozialen Gegensätze zwischen dem schnell wachsenden und dabei ständig mehr ausgebeuteten Proletariat und dem stets mächtiger werdenden Kapital weiter verschärften, wurde der von *Nicolaus August Otto* erzielte große Erfolg zu einer Quelle schwerer Sorgen und harter Kämpfe.

Als man bei dem von ihm entwickelten Viertaktmotor die geniale Einfachheit der Konstruktion ebenso bewunderte wie man über dessen vielseitige Einsatzmöglichkeiten zu staunen begann, bemühte sich manche Fabrik darum, die Patentrechte des im Kern geschützten Motors zu umgehen. Dabei wandte sie sich – da am leichtesten herzustellen – zuerst dem mit Vorkompression arbeitenden und das Arbeitsspiel mit einer Kurbelumdrehung vollendeten Zweitaktverfahren zu, das *Otto* bereits im Jahre 1876 entwickelt und erprobt, jedoch wegen zu geringer Wirtschaftlichkeit zunächst hatte fallen lassen. Erst Ende 1879 stellte, nachdem die Entwicklungsfähigkeit des Verfahrens richtig erkannt worden war, Deutz den Antrag auf Patentierung, worauf ihm im August 1881 mit dem DRP 14254 das erste Privilegium auf einen Zweitaktmotor erteilt wurde. Deshalb schritt die Gasmotorenfabrik, die damit alle Arbeitsverfahren geschützt sah, gegen den von verschleierter bis zu offener Nachahmung reichenden unlauteren Nachbau durch eine Reihe von Betrieben des In- und Auslandes ein. Dabei wurde ihr vom Patentamt in den meisten Fällen dahingehend recht gegeben, daß nach dem geltenden Patentrecht nicht weniger als 36 Patente durch den Zusatz „Neuerungen an dem unter 532 patentierten Gasmotor" von der Gasmotorenfabrik Deutz abhängig waren. Damit wurde für alle eines deutlich sichtbar:

Der Ottomotor war nicht eine von mehreren Möglichkeiten des Verbrennungsmotors, er war *die* Lösung, sein Verfahren deckte prinzipiell alle Varianten, auf welche die technische Welt erst aufmerksam wurde, als *Otto* das Tor zur großen Entwicklung geöffnet hatte...

Dadurch wurde aber ebenso klar, daß es in Deutschland ohne Genehmigung von Deutz für keinen Betrieb möglich war, Verbrennungsmotoren zu bauen. Und da die das Monopol ängstlich hütende Gasmotorenfabrik alle gestellten Anträge auf Gewährung von Lizenzen strickt ablehnte, setzten nun verschiedene Unternehmen alles daran, die Deutzer Motorenpatente zu Fall zu bringen. Denn dieser mächtige Betrieb wäre nicht nur in der Lage gewesen, durch Festlegung seiner Preise seine Konkurrenz erbarmungslos niederzukämpfen, sondern auch die Absatzmärkte zu beherrschen und gewaltige Profite zu erzielen. Deshalb tasteten sie bei den Deutzern nach jeder schwachen Stelle, um hier vorzustoßen. Damit setzte eine über ein Jahrzehnt sich hinziehende Kette von Patentprozessen ein, die sich auch auf Österreich, Frankreich, Italien, England und die Vereinigten Staaten von Amerika ausweiteten und die Gasmotorenfabrik Deutz, vor allem aber den um seine Erfinderehre besorgten *Otto*, unter einen ständigen seelischen Druck setzten.
Zuerst wurde, nachdem sich die Gasmotorenfabrik vorher mit Ingenieur *Gerhard Adam* auseinanderzusetzen hatte, Anfang der achtziger Jahre der Münchener Uhrmacher *Christian Reithmann* (1818–1909) durch die gefährlichsten Gegner *Ottos*, die Gebrüder *Körting* aus Hannover, gegen seinen Willen in den Streit gezogen, indem man versuchte, ihn als Vorerfinder des Viertaktmotors zu präsentieren. Allerdings ergab die amtliche Besichtigung des aus lang zurückliegender Zeit stammenden und teilweise umgebauten Motors – auch *Otto* eilte nach München, um ihn zu besichtigen –, daß diese Konstruktion alles andere als betriebsreif war. Da *Reithmann* überdies über die Entwicklung seines Motors ebenso widersprüchliche wie unklare Auskünfte gab, erhob Deutz gegen ihn Klage wegen Patentverletzung. Trotzdem glaubte das Landgericht München auf Grund eines Gutachtens von Professor *Moritz Schröter*, der im *Reithmann*schen Motor „tatsächlich eine bemerkenswerte Vorwegnahme des Ottomotors“ sah, Mitte Dezember 1884 dem Uhr-

macher die Priorität bescheinigen zu können. Daraufhin sahen sich die Deutzer, die gegen das ungünstige Urteil Berufung einlegten, veranlaßt, mit *Reithmann* bestimmte Vereinbarungen zu treffen, damit dieser in der Zwischenzeit nicht mit einer Konkurrenzfirma in Verbindung trete. Am 21. November 1885 hob das Oberlandesgericht München jedoch nach kritischer Beurteilung der Zeugenaussagen das Urteil der ersten Instanz auf, da es zu dem Schluß kam:

Wegen Mißlingen des nötigen Beweises ist ... die Prioritäts-Einrede des Beklagten sofort zu verwerfen ...

Später aufgefundene Akten ließen erkennen, daß der strittige Motor erst auf Viertakt umgebaut worden war, nachdem *Reithmann*, der allein durch diesen Prozeß zu einer gewissen Berühmtheit gelangt war, im Januar 1880 einem Vortrag über einen Ottomotor beigewohnt und in dieser Zeit auch mehrere in München ausgestellte Ottomotoren besichtigt hatte.

Aber die geschlagenen Patentgegner gaben damit nicht auf. Im Gegenteil, sie suchten jetzt erst recht nach Lücken im Patentschutz und holten dabei ebenso verstaubte wie nutzlose Patente ans Tageslicht, deren Gedanken praktisch nie verwirklicht worden waren und allein durch die folgenden Prozesse in die Geschichte der Motortechnik eingegangen sind. Darunter eine 53seitige Broschüre des bei einer französischen Eisenbahngesellschaft tätigen Pariser Ingenieurs *Alphonse Beau de Rochas* (1815–1893) aus dem Jahre 1862. In der von dem Patentanwalt *Wigand* der Firma *Körting* entdeckten Patentschrift „Verbesserungen in der Ausnutzung der Wärme und der motorischen Kraft im allgemeinen, mit besonderer Anwendung auf die Eisenbahn und Schiffahrt“ wurde unter anderem auch auf den Gasmotor eingegangen. In diesem Zusamenhang bemerkte *de Rochas* in einem kurzen Abschnitt, daß ein solcher nach den Takten Ansaugen, Kompression, Verbrennung und Ausstoßen arbeiten könne. Dabei sollte das angesaugte Gas-Luft-Gemisch bis zur Selbstentzündung verdichtet werden.

Obwohl aus den zahlreichen, überaus flüchtig dargelegten Gedanken, die *de Rochas* in dieser Schrift äußerte, nicht ersichtlich war, welche er als die wichtigsten ansah, taten *Ottos* Gegner, die die Wirksamkeit der Viertaktpatente angriffen, jetzt

so, als ob die hier nur vage geäußerten Gedanken über das Viertaktprinzip damit schon patentiert worden wären. Abgesehen davon, daß eine Verdichtung bis zur Selbstentzündung bei den in Aussicht genommenen Brennstoffen unmöglich erscheinen mußte, hatte der französische Ingenieur niemals den Versuch unternommen, seinen Vorstellungen praktische Gestalt zu geben. Auch als Deutz auf der Weltausstellung von 1878 in Paris den Ottomotor vorstellte, hatte er, obwohl er die Bedeutsamkeit dieser Erfindung sicher erkannt hatte, nicht daran gedacht, seine Priorität geltend zu machen. Er hatte in seiner Schrift zwar das Prinzip des Viertaktes, aber weder dessen Ausführbarkeit noch überragende Bedeutung ausgesprochen. Trotzdem sah das Reichsgericht diese bis zu diesem Zeitpunkt nahezu unbekannte Broschüre als eine Vorveröffentlichung des Viertaktverfahrens an und erklärte am 24. Juni 1884 den auf den Viertakt bezüglichen Deutzer Patentanspruch für nichtig, wodurch dieser zum Gemeingut der Technik wurde.
In Zusammenhang mit diesem von *Otto* als schicksalshaft empfundenen Urteilsspruch betonte später Professor *Aimé Witz* aus Lille mit Nachdruck:

In Wahrheit war es sehr wohl *Otto*, den man kopierte, aber man entschuldigte sich dessen, indem man von *Beau de Rochas* sprach. Die Mehrzahl der Konstruktionen mühten sich in den Geleisen *Ottos*.

Und *A. K. Bruce* setzte hinzu:

Die Anerkennung des technischen Scharfsinns von *Beau de Rochas* und der Geschicklichkeit von *Christian Reithmann* darf nicht ablenken von der Leistung *N. A. Ottos*, dem großen Pionier der Gasmaschine und dem tatsächlichen Begründer der Gasmotorenindustrie ...

Nachdem somit das Monopol auf den Viertakt gefallen und der Motorenbau von allen Hemmnissen befreit war, setzte, durch den gewonnenen Prozeß ermuntert, als Ausdruck einer sich immer mehr verschärfenden kapitalistischen Konkurrenz der Kampf des „papierenen Rechts gegen das leibliche Recht des Erfinders“ im In- und Ausland – es wurden mehr als 20 Prozesse geführt – noch härter ein, galt es doch auch die übrigen Patentansprüche der Deutzer aus dem Weg zu räumen. Dabei wurden, während sich das Schwergewicht der Prozesse jetzt auf das Verbrennungsverfahren verlagerte, die einzelnen Patente unabhängig von ihrer Entstehungszeit und damit von den verschiedenen Stadien der Entwicklung sowie ohne Rücksicht auf ihren inneren Zusammenhang betrachtet. Hierbei ging es vor allem um die über den Verlauf der Verbrennung niedergelegten und als Arbeitshypothesen dienenden Behauptungen, die nicht als tatsächliche Vorgänge nachgewiesen werden konnten. Da es sich bei der motorischen Verbrennung noch immer um ein völlig unerforschtes Gebiet handelte – weshalb auch die Meinungen der herangezogenen Sachverständigen weit auseinander gingen–, schloß sich das Gericht dem Hauptargument der Patentgegner an, es „sei gegen das öffentliche Interesse, eine solche Erfindung im Monopol einer Firma zu überlassen". So führte „auf dem schwankenden Boden eines unzulänglichen Forschungsstandes" die vorherrschende Auffassung vom Recht dazu, daß am 30. Januar 1886 vor dem Reichsgericht in Leipzig weitere Patentansprüche fielen, während um andere noch weitere vier Jahre hart gekämpft wurde. Dabei befand sich das Reichsgericht insofern in einem Zwiespalt, als es in diesem Zusammenhang anerkennen mußte:

Die Erfindung des Otto-Motors 532B ist epochemachend gewesen . . .

Auch Professor *Rudolf Schöttler* (1850–1924) von der Technischen Hochschule Braunschweig fühlte sich, die Unbilligkeit des Urteilspruches erkennend, als Gutachter des Gerichts bewogen, dem Erfinder persönlich seine Anerkennung auszusprechen und gleichzeitig darzulegen, warum er gegen dessen Vorstellungen habe aussagen müssen. Daraufhin hielt ihm *Otto* entgegen, daß er ihm „die Ehre des Erfinders im wesentlichen abgeschnitten" habe und ihm damit Unrecht geschehen sei.

Da sich die Patente auch im Ausland vielfach nicht als tragfähig erwiesen, traf dies den in seiner Gesundheit ohnehin stark angegriffenen Erfinder doppelt, zumal es ihm schwer fiel, seine Verbrennungstheorie mit der patentrechtlichen Lage in Übereinstimmung zu bringen. Er konnte einfach nicht begreifen, daß man ihn einerseits als Erfinder rückhaltlos anerkannte, während man ihm andererseits seine Patentansprüche absprach. Er, der während der Verhandlungen den Sachverständigen seiner mit geschickten Schachzügen arbeitenden Gegner und den formalen Darlegungen der Rechtsanwälte bald nicht mehr zu folgen vermochte, sah sich völlig außerstande, zwischen dem „Patent als Objekt der Rechtssprechung und als Dokument zur Arbeit“ zu unterscheiden. Deshalb wandte sich Deutz, um bestimmte Widersprüche in den teilweise ungenau formulierten Patentschriften zu erklären, auch an das Reichspatentamt mit den Worten:

Über die Theorie der Dampfmaschine wird noch jetzt, 100 Jahre nach ihrer Erfindung, geforscht, ohne daß diese stets fortschreitende Forschung das Verdienst *Watts* als Erfinder der Maschine mindern könnte. Ebensowenig muß *Otto*, um seinen Anspruch als Erfinder unseres Motors zu behaupten, die äußerlich nicht erkennbaren Vorgänge bei der Erfindung in unfehlbarer Weise definieren ... Unser Gasmotor bleibt seine Erfindung, auch wenn der Verbrennungsprozeß anders verlaufen sollte, als er annimmt ...

Wie recht man damit hatte, geht aus der Charakterisierung des Ottomotors durch den französischen Professor *Gustave Richard* hervor. Dessen Grundprinzip sei

die systematische Aufspeicherung eines wesentlichen Teiles der Verbrennungsprodukte und deren zweckmäßige Ausnutzung zur Verminderung der Stoßwirkung und zur Dämpfung der Explosion... Sie verändert vom Grund auf – gesehen von der praktischen Seite des Patentes – die Bedeutung des Viertaktkreislaufes selbst, zumal sie in einer ausschlaggebenden Weise seine physikalische und chemische Natur umwandelt ... Aus dieser völlig neuen Kombination, nämlich des Viertaktprinzips mit der Zurückhaltung verbrannter Gase durch *Otto*, ist der moderne Gasmotor entstanden ...

Auch Professor Dr. *Adolf Slaby* von der Gewerbeakademie Berlin mußte, nachdem er umfangreiche „Calorimetrische Untersuchungen über den Kreisprozeß der Gasmaschine“ durchgeführt hatte, im Jahre 1894 gegenüber *Eugen Langen* die bittere Feststellung machen:

Die Wissenschaft hat nunmehr, leider post festum, den Nachweis geführt, daß die Gründe, welche das Reichsgericht zur Nichtigkeitserklärung des Anspruchs 1 des DRP 532 führte, irrig waren ...

Schließlich kam wesentlich später – im Jahre 1953 –, als die wissenschaftliche Forschung in der Klärung der Verbrennungsvorgänge im Zylinder inzwischen ein wesentliches Stück weiter war, *Walter Ostwald* als hervorragender Kenner des Verbrennungsprozesses nicht umhin, die unveränderte Gültigkeit der *Otto*-

schen Verbrennungstheorie mit folgenden Worten zu würdigen:

N. A. Otto hatte Vorstellungen über die Schichtung verschieden zusammengesetzter Ladungsanteile im Motor, die ihm später patentrechtliche Schwierigkeiten machten. Seine Denkrichtung war aber vollkommen zutreffend. Pneumatik und Akustik spielen bei Gemischbildung und Verbrennung heutiger Kolbenmotore eine ausschlaggebende Rolle.

Noch war nach dem Fall des Viertaktpatentes die Wahl der Bauformen geschützt. Deshalb entbrannte nun um diese ein neuer Streit, der abermals bis zum Reichsgericht führte. Darüber berichtet der Erfinder in seinen Handakten:

Indessen ist (durch eine vorgesehene prozessuelle Maßnahme) nächstens Zeit verloren und das schadet nichts, denn ich führe die Prozesse nicht, um noch viel Geld von den Patentverletzern herauszuschlagen, sondern ich führe dieselben und werde sie mit aller Energie zu Ende führen, einzig und allein, weil es sich um meine Ehre handelt; ich lasse mir nun einmal auch kein Jota meiner Erfindung verkümmern. Sollte ich auch vor dem Reichsgericht selbst keinen Erfolg erzielen, so hoffe ich doch, daß von den wirklichen Sachverständigern, jedem deutschen Ingenieur, meine Erfindung gewürdigt wird ...

Dabei hoffte *Otto*, der Urteilsspruch vom Januar 1886 werde schließlich doch noch revidiert.
Bei diesen aufreibenden Patentprozessen, an denen *Otto* trotz seines bedenklichen Herzleidens persönlich teilnahm, gab es besonders scharfe Auseinandersetzungen, vor allem mit *Ernst Körting*, der *Otto* schon vorher dadurch herausgefordert hatte, daß er in seinen Veröffentlichungen stets von dem „Arbeitsverfahren nach *Beau de Rochas*" sprach und damit das bedeutsame Verdienst des Erfinders am Werden des Viertaktmotors absichtlich negierte. Dabei drängte sich ihm angesichts der formalen Darlegungen der Rechtsanwälte die Frage auf:

Wer hat denn eigentlich diese Maschine geschaffen, über die hier verhandelt wird? Juristen demonstrieren ihre späte Weisheit an einem Motor, den es ohne mich nicht gäbe ...

Nach diesem „tragischen Zusammenstoß des schöpferischen Menschen mit der Welt des formalen Rechtsdenkens" verließ

Otto, der dabei den Glauben an die Gerechtigkeit verloren hatte, enttäuscht den Gerichtssaal mit den Worten:

Hier bekommst du kein Recht!

Betrübt vom Ausgang des Prozesses berichtete er am 22. Juni 1890 seiner Frau:

... Leider ist das Patent 2735 in seinen Hauptansprüchen gefallen und schlüpfen die Patentverletzer glücklich durch. Gefallen ist es nur wegen dem unglücklichen Falle, daß wir vor der Patentnahme Maschinen geliefert haben ... Das Reichsgericht hat mir wiederholt seine Sympathie zu erkennen gegeben und die Gegner als Schubiaken behandelt ... Bei der Verkündigung des Urteils betonte der Präsident, es läge eine bedeutsame Erfindung vor, die lediglich wegen Vorveröffentlichung falle. – Der vortragende Rat kam extra zu mir und sagte „Ich bedaure sehr, daß Sie damals der Satan plagte und Sie die Maschine zu früh verkauften"...

Da der juristische Tatbestand somit gegen ihn sprach, konnte er, der sich als Erfinder zutiefst in seiner Ehre getroffen fühlte, diese Niederlage zeitlebens nicht verwinden.

4.2. Der Kampf Diesels gegen die Entstellung seiner Lebensleistung

Als *Rudolf Diesel* am 16. Juni 1897 auf einer Ingenieurtagung in Kassel vor ersten Vertretern von Technik und Wissenschaft Rechenschaft über seine Erfindung ablegte, war der Höhepunkt seines Daseins erreicht. Dabei führte er in bezug auf die praktische Verwirklichung seiner erfinderischen Idee mit imponierender Ruhe und kühler Gelassenheit erstmals öffentlich aus:

... Ich habe erkennen müssen, daß man vom vollkommenen Prozesse (dem *Carnot*schen Prozeß, *H. L. S.*) abweichen müsse, indem man die Luft nicht, wie dieser es nöthig macht, erst isothermisch auf 2 bis 4 Atmosphären und dann adiabatisch auf das 30 bis 40fache verdichtet, sondern unter Weglassung der Isotherme sofort nur adiabatisch. Man verwirklicht dabei die erste der gestellten Bedingungen: der Herstellung der Verbrennungstemperatur durch reine Kompression mit Drücken, welche zwei- bis dreimal niedriger sind als bei dem vollkommenen Prozesse ... Gerade die Abweichung vom vollkommenen Prozesse stellt die einzige Möglichkeit dar, den unausführbaren vollkommenen Prozeß durch einen ausführbaren zu ersetzen ...

Und er fügte mit besonderem Nachdruck hinzu:

Es handelt sich bei meiner Maschine um einen vollentwickelten Petroleummotor, der seine Bedeutung erst durch die Benutzung von Gas und ganz besonders von Öl und gewöhnlicher Steinkohle erlangen wird ...

Im Anschluß an den von der Fachwelt mit reichem Beifall bedachten Vortrag, der auf alle Zuhörer eine ebenso große Wirkung auslöste wie die faszinierende Persönlichkeit des Erfinders selbst, führte Professor *Moritz Schröter* unter anderem aus:

Ein Triumph der Theorie, wie er glänzender nicht gedacht werden kann, wenn man erwägt, daß mit der vorliegenden Ausführung des Grundgedankens das letzte Wort noch nicht gesprochen ist, sondern daß der Motor am Anfang einer Entwicklung steht, als deren Endergebnis wir jedenfalls noch wesentlich höhere Wertziffern als die vorliegenden zu erwarten haben ... Daß in der kurzen Zeit von drei Jahren der Gedanke des Erfinders eine so vollkommene Verkörperung erfahren hat, ist ein Triumph, der den gleichen Umständen zu verdanken ist, die von jeher dem deutschen Maschinenbau seine Siege errungen haben: die Verbindung von gründlicher wissenschaftlicher Ausbildung mit unermüdlicher Tatkraft und konstruktivem Können, die vor keiner Schwierigkeit zurückschrecken ...

Tags darauf berichtete der gefeierte Erfinder über diese Tagung:

Gestern war der große Tag, ein wirklicher, aufrichtiger und durchschlagender Erfolg ... Sämtliche deutschen Hochschulen waren durch einen oder mehrere Professoren vertreten und alles, was in Deutschland mit Motoren zu thun hat, war zur Stelle ...

Schon zuvor – etwa ab Mitte Februar 1897 – hatten sich *Diesels* Gegner zu regen begonnen, Konkurrenz fürchtende Unternehmen und erfolglose Erfinder, die um ähnliches bemüht waren und denen der gewaltig anwachsende Ruhm des Erfinders zu groß wurde. So hatte sich die Gasmotorenfabrik Deutz, die als Hauptproduzent des unwirtschaftlicher arbeitenden Ottomotors mit dem Auftreten des Dieselmotors in begreifliche Unruhe geraten war, an das Konsortium gewandt – aus der Maschinenfabrik Augsburg ging, nachdem sich ihr die Maschinenbaugesellschaft Nürnberg zugesellt hatte, die Maschinenfabrik Augsburg-Nürnberg, kurz MAN genannt, hervor –, um sich an deren Patentrechten zu beteiligen. Als von dieser, die nun mit doppelter Macht nach Profit strebte, jedoch zu hohe Lizenzgebühren gefordert worden waren, hatte Deutz unverblümt wissen lassen,

daß man sich hier die *Diesel*schen Patente angesehen habe und nicht glaube, daß sie haltbar seien. Deshalb sähe man sich berechtigt, ja verpflichtet, alle jene auf diese Tatsache hinzuweisen, die schon vor *Diesels* Erfindung mit ähnlichen Ideen, Patenten und Versuchen hervorgetreten sind.
Diesel, der in diesem Akt eine offensichtliche Erpressung gesehen hatte, war der festen Überzeugung gewesen:

Sollte die Drohung aber wahr werden, so bin ich doch ziemlich ruhig. Ich halte meine Patente für so fest, daß ich etwaige Processe gewinnen muß. Das Recht ist auf meiner Seite.

Trotzdem hatte *Diesel* befürchtet, das Vorgehen der nicht weniger mächtigen und auf Grund der gefürchteten Konkurrenz um ihre wirtschaftliche Existenz besorgten Deutzer könnte eine Folge unabsehbarer Wirkungen auslösen. Er hatte geahnt, daß hinter ihnen der gleiche *Otto Köhle*r als beratender Ingenieur gestanden hatte, der – inzwischen Professor an der Vereinigten Maschinenbauschule in Elberfeld-Barmen geworden – bereits in seinem 1887 erschienenen Buch über Gasmotoren „theoretisch auf die hohe Wirtschaftlichkeit eines Kreisprozesses mit gesteigerter Verdichtung der Luft“ hingewiesen, damit einen seinen Ideen ähnlichen Gedanken geäußert und ihn seit dem Erscheinen seiner Broschüre über den „rationellen Wärmemotor“ fortgesetzt angegriffen hatte. Als es bald darauf dennoch zu einer Einigung zwischen der MAN und Deutz gekommen war, hatte *Diesel*, da die Gasmotorenfabrik im Besitze fast aller Patente auf dem Gebiete der Verbrennungskraftmaschinen war, fest daran geglaubt, daß damit jede Gefahr gebannt sei, zumal bei seinen Patenten die vorgesehene Einspruchsfrist von fünf Jahren in Kürze abgelaufen war.
Aber er sollte bald erfahren, wie sehr er sich getäuscht hatte. Denn Ende Juli 1897 brachte, von wirtschaftlichen Interessengruppen ebenso dazu ermuntert wie vom Neid auf den erfolgreichen Erfinder getrieben, der deutsche Motorenbauer *Emil Capitaine* gegen *Diesels* Patent DRP 67207 die Nichtigkeitsbeschwerde ein. Dieser außerordentlich zähe Gegner hatte sich im Jahre 1891 eine Vorrichtung zur Erzeugung von Petroleumnebeln für Gasmotoren patentieren lassen, jedoch bei den aus einer gegenüber *Diesel* ganz anderen Vorstellung heraus an-

gestellten Versuchen mit seinem mit einer Glührohrzündung ausgestatteten Motor, bei dem Petroleum eingespritzt wurde, keinerlei Erfolg gehabt. Obzwar dieser Motor somit eher ein Vorläufer des Glühkopfmotors war, glaubte *Capitaine*, der von *Diesels* damals besonders stark angegriffener Gesundheit Kenntnis hatte und wußte, daß das Augsburger Werk gerade in diesen Wochen von Hunderten von Gelehrten, Technikern, Werkdirektoren, Journalisten und Abgeordneten geradezu überflutet wurde, diesen Zeitpunkt nutzen zu müssen, um gegen *Diesel* zu prozessieren. In der gleichen Zeit, in der neue Konstruktionen anzufertigen, geschäftliche Verhandlungen zu führen und Reisen zu machen waren, klagte *Diesel* angesichts der immer stärker werdenden Zersplitterung seiner Kräfte und der damit verbundenen gefährlichen Überbeanspruchung auch seelischer Art verärgert:

Meine Beschäftigung ist unglaublich ... Dabei endlose Correspondenz, Besuche, Reisen, verschiedene langatmige Artikel, die man mir vor der Veröffentlichung zur Durchsicht und Correktur zusendet; ein bösartiger Angriff auf *Schröters* Versuche, zu dessen Beantwortung *Schröter* mich braucht, ein ebensolcher Angriff auf meine Theorien, die „falsch" sein sollen und mein Prozeß ...

Und einige Zeit später:

Da ich in der Woche keine Zeit habe, muß ich Sonntag an den lieblichen Prozeß-Acten *Capitaine* arbeiten. Es ist doch unerhört, daß man gezwungen ist, Zeit, Geld und Gesundheit zu opfern, um ganz beliebigen boshaften Phantasien Anderer zu begegnen, die nicht einmal aufrichtig gemeint sind, sondern nur den Zweck haben, Störung und Ärgernis oder Mißtrauen bei Anderen hervorzurufen ...

Bei dem folgenden Patentprozeß, durch den die *Diesel*schen Patente noch vor Ablauf der fünfjährigen Einspruchsfrist zu Fall gebracht werden sollten, versuchte *Emil Capitaine* seinen mit unzulänglichen Mitteln durchgeführten resultatlosen Versuchen nachträglich eine weit prinzipiellere Bedeutung zu geben, als ihnen zukam. Er beklagte sich in Briefen, Aufsätzen und Reden immer wieder darüber, daß ihm *Diesel* lediglich mit der praktischen Verwirklichung zuvorgekommen sei, weil er, *Capitaine*, von niemandem die hierfür benötigten finanziellen Mittel erhalten habe. Er wollte einfach nicht erkennen, daß *Diesel* seine viel weitergreifenden Ideen von einem ganz anderen Blickfeld aus entwickelt hatte.

Dabei wandte sich *Capitaine* in seinem Bestreben, weitere Verbündete für sein Vorhaben zu gewinnen, auch an *Otto Köhler*. Dieser bekannte jedoch nach dem erfolgten Ausgleich zwischen der MAN und Deutz:

> ... Übrigens kann ich Herrn *Diesel* die Erfolge, die er mit seinem Motor erlangt hat, gönnen, und zwar im Interesse des Fortschritts. Ich halte Herrn *Diesel* für den Erfinder dieser neuen Motorgattung, ist er doch der erste gewesen, der denselben in Verwirklichung seiner theoretischen Forderungen auch wirklich praktisch ausgeführt hat. Deshalb habe ich den Wunsch, derselbe möge nunmehr auch die materiellen Erfolge ernten. – Außerdem bin ich der festen Überzeugung, daß die *Diesel*-Patente nicht angreifbar sind und glaube deshalb, daß Sie sich ganz unnöthig den unendlichen Mühen, Aufregungen und Kosten einer Nichtigkeitsklage unterziehen ...

Trotzdem setzte *Capitaine*, von einigen Unternehmen unterstützt, die um den Absatz der von ihnen hergestellten Gasmotoren fürchteten, seine gegen *Diesel* gerichteten Angriffe in einem öffentlichen Vortrag in Frankfurt am Main fort, den er außerdem als Drucksache verbreiten ließ. Seine gegen die *Diesel*schen Patente gerichtete Nichtigkeitsklage aber wurde am 21. April 1898 mit der Begründung abgewiesen:

> Die Klage beruht zu einem Theil auf einer irrthümlichen Auffassung der Bedeutung des angefochtenen Patents, zum anderen Theile auf einer zu weit gehenden Auslegung der klägerischen Patente ... Abgesehen davon, daß die Arbeitsweise derartiger Maschinen eine von der durch das angegriffene Patent geschützten durchaus abweichende ist, ist an keiner Stelle der beiden Patentschriften etwas von hochgradiger Verdichtung reiner Luft und demnächstiger Einführung von Brennstoff in dieselbe erwähnt. Alles, was in den beiden Patentschriften enthalten ist, steht dem Patent Nr. 67207 (*Diesel*) so fern, daß von einer Beschreibung der durch dasselbe geschützten Erfindung durch den Inhalt jener älteren Patentschriften nicht die Rede sein kann ...

Obwohl *Emil Capitaine* damit zugleich zur Zahlung der angefallenen Prozeßkosten verurteilt wurde, entschloß er sich, den Fall in zweiter Instanz durchzukämpfen. Aber auch hier verlor er kurz darauf den Prozeß. Trotzdem er dadurch finanziell ruiniert war, wandte er sich weiterhin mit allen erdenklichen

Mitteln gegen *Diesel*, um diesen, dessen Name mit der Entwicklung des Motors engstens verknüpft war, in seiner Ehre zu treffen. Schließlich brachte er es, als er die Nutzlosigkeit seines Beginnens erkannte, um wenigstens einen gewissen Anteil an der Nutzung der Erfindung zu erhalten, fertig, in einem Brief zu eröffnen, daß er unter Umständen bereit wäre, gegen eine Anzahlung von 30000 Mark und einen Anteil von 6% des beim Dieselmotorenbau erzielten Umsatzes seine Klage nicht vor das Reichsgericht zu bringen. Als ihm daraufhin von der MAN mitgeteilt wurde, daß man – falls er die Angriffe nicht einstellen sollte – gegen ihn Klage wegen Erpressung erheben würde, sah er sich gezwungen, am 12. Juli einem Vergleich zuzustimmen. Damit war in einer Zeit, in der *Diesel* bereits ernstlich erkrankt war, der hartnäckigste Gegner aus dem Feld geschlagen.

Ende des Jahres 1899 hatte *Diesel* einen neuen Patentprozeß auszufechten; diesmal mit *Julius Söhnlein* aus Wiesbaden, dessen 1883/84 im Versuchsstadium steckengebliebener Motor eine Fremdzündung aufwies und bei dem das Einspritzen des Brennstoffes mittels Druckluft erfolgte.

Selbst zu einer Zeit, als der Siegeszug des Dieselmotors dem Erfinder längst Weltruhm eingebracht hatte, meldeten sich neidische Gegner noch einmal zu Wort; diesmal um sein Lebenswerk zu entstellen. Den Auftakt dazu bot ein aufsehenerregender Vortrag *Diesels* über seinen inzwischen in aller Welt eingeführten Motor auf einer Festveranstaltung der Schiffsbautechnischen Gesellschaft am 21. Mai 1913 in der Aula der Technischen Hochschule zu Charlottenburg, wo er vor Koryphäen der Wissenschaft und Technik gleichzeitig die Bilanz seines Wirkens zu ziehen versuchte. In der anschließenden Diskussion erkannte Professor *Alois Riedler Diesels* große Leistung mit den Worten an:

> ... Gleichwohl liegt in der reinen Kompressions-Selbstentzündung ohne örtliche Glühstelle die wesentliche Eigenart des Dieselmotors, das Neue in der Verwirklichung und zugleich das Wesentliche hinsichtlich der motorischen Verbrennung von Schwerölen, somit auch seine entscheidende wirtschaftliche Bedeutung ...

Er warf jedoch dem Erfinder in einer wenig ansprechenden Form auch eine Reihe von Mißgriffen und Mißerfolgen bei der Entwicklung seines Motors vor. Als *Diesel* mit einer treffenden

Entgegnung die unsachlichen Angriffe auf seine erfinderische Ehre abwehrte, zollte man ihm als dem eindeutigen Sieger dieses Tages minutenlang anhaltenden Beifall. Trotzdem mußte er, der stolz, empfindsam und leicht verwundbar zugleich war, damit rechnen, daß seine Gegner auch in Zukunft mit allen Mitteln versuchen würden, trotz des geradezu riesenhaften Aufwandes jahrzehntelanger Arbeit, seine Lebensleistung zu entstellen. Deshalb entschloß er sich, den Vortrag zu erweitern und als Publikation herauszubringen.

Bereits Anfang September 1913 erschien in dem Berliner Verlag *Julius Springer* das um seine Erfinderehre kämpfende Buch „Die Entstehung des Dieselmotors", das auch eine Anzahl allgemeiner philosophischer Gedanken enthält und neben seinem Motor ein bleibendes Denkmal seines Lebens darstellen sollte. Daraufhin wurden – selbst durch die Presse verbreitet – von seiten der alten Gegner abermals Verunglimpfungen übelster Art laut. Dabei tat sich jetzt vor allem der fast achtzigjährige Professor *Johannes Lüders* von der Technischen Hochschule Aachen hervor. Von ihm, der in „Glaesers Annalen" vom 15. August 1893 *Diesels* Schrift über den „rationellen Wärmemotor" durchweg zustimmend beurteilt hatte, wurde nun – 20 Jahre später – das Buch „Dieselmythos" angekündigt, in dem im Scheine ernsthafter Wissenschaftlichkeit mit einem Male dem Erfinder der Vorwurf gemacht wurde, daß die praktische Gestalt seines Motors etwas ganz anderes darstellte, als er in seinen Patenten habe schützen lassen.

In diesem Zusammenhang ergriff Professor *von Lossow* später das Wort:

... Die wissenschaftliche Anschauung über die Verbrennungsfrage ist jetzt als geklärt anzusehen. Auch die erfinderische Tätigkeit setzte mit *Diesels* Erfolg mit Macht ein... und in wenigen Jahren hat auch der Explosionsmotor, angeregt durch *Diesels* Vorbild, insbesondere durch die zuerst von ihm verwirklichte hohe Kompression, gewaltige Fortschritte gemacht... In diesem Kampf der Meinungen ist *Diesel* so manchesmal sehr ungerecht beurteilt worden; manche Autoren legten ein übergroßes Gewicht auf den Umstand, daß *Diesel* seine Theorien nicht genau verwirklicht habe und daß seine Arbeiten deshalb eigentlich ein Fehlgriff seien. Es wurde dabei vergessen, daß *Diesel* niemals behauptet hat, daß seine Theorien in der Maschine genau verwirklicht seien; er hat im Gegenteil schon in seinen frühesten Mitteilungen mit anerkennenswerter Offenheit zuerst seine ursprünglichen theoretischen Anschauungen erläutert und dann gezeigt, was die Praxis davon angenommen hat und was sie beseitigen mußte; er hat auch von seinen Mißerfolgen berichtet und häufig betont, daß seine Maschine ein Kompromiß zwischen Theorie und Praxis sei...

Freilich waren *Diesels* zurückliegende Versuchsarbeiten vielfach auch spekulativer Art gewesen, aber schließlich hatte er dennoch den richtigen Weg gefunden. Und das erschien ihm als das Entscheidende. Im übrigen hielt er es jetzt, da seine Erfindung längst zu einer greifbaren Realität geworden war, für völlig überflüssig, auf die ins Dunkel getanen Schritte noch einmal einzugehen.

In diesen Tagen, in denen *Diesel* des Spaniers *Baltasar Gracian* philosophisches Werk „Handorakel" las, unterstrich er nach der gewonnenen neuen Erfahrung folgende, ihm jetzt als wesentlich erscheinenden Sätze:

Nie seine Sachen sehen lassen, wenn sie erst halb fertig sind; in ihrer Vollendung wollen sie genossen sein. Alle Anfänge sind ungestalt, und nachher bleibt diese Mißgestalt in der Einbildungskraft zurück... Ehe eine Sache alles ist, ist sie nichts, und indem sie zu sein anfängt, steckt sie noch tief in jenem, ihrem Nichts. Deshalb verhüte jeder große Meister, daß man seine Werke im Embryonenzustand sehe...

Und im Zusammenhang mit diesen Gedanken schrieb *Diesel* nieder:

Diese große Weisheitslehre habe ich versäumt, indem ich meine „Theorie und Konstruktion eines rationellen Wärmemotors" 1893 veröffentlicht habe. – Das war nur eine Theorie, an der noch Vieles zu ändern und zu feilen war... Das ist es nun, wo die Professoren und Pedanten angreifen! Wo ist denn *Diesels* Motor? Was ist denn von seiner Theorie übrig geblieben? Der Dieselmotor ist Etwas ganz anderes; und darob steinigen sie mich; das taten sie 1897 nach meinem Vortrag in Cassel, das tun sie heute (1913) nach Veröffentlichung der „Entstehung des Dieselmotors". Sie behaupten, ich wolle mit dieser Schilderung „Geschichte fälschen"; ich gebe darin ganz andere Dinge an als früher in der Theorie. – Sie vergessen dabei vollständig, daß dieses Buch gerade alle Phasen schildert, die von der Theorie bis zur fertigen Maschine eintraten, und daß daraus actenmäßig mit beispielloser Offenheit zu entnehmen ist, warum die Theorie geändert wurde und warum der Motor heute anders ist, als ich ihn ursprünglich dachte; ich verweise ja darin Diejenigen, die sich dafür interessieren, und die genau vergleichen wollen, selbst nochmal auf meine frühere Theorie. – Warum haben denn früher (1893) und nach

Cassel (1897) und heute (1913) auffallenderweise nur Professoren und niemals ein Mann der Praxis meine Arbeit angegriffen und verunglimpft? Weil der Mann der Praxis mehr Urteil darüber hat, was Arbeiten und Schaffen heißt; der Professor aber meint, das Erfinden bestehe im Schreiben. Und wenn dann in dem Schreiben Irrtümer und Fehler vorkommen, dann werden sie dick rot angestrichen und mit dem Wonnegefühl der Schadenfreude der Welt verkündet. Dafür ist man Professor. — — — Die Bücherweisheit wird das lebendige Leben nie verstehen! ...

Und mit besonderer Betonung setzte er hinzu:

Wenn man mir nur nicht immer vorhalten wollte, was ich früher gesagt habe! Bin ich denn nicht heut gescheidter als früher? Besteht denn die Lebensweisheit darin, an alten Ideen starr festzuhalten oder darin, die Spreu vom Weizen zu sondern, in seiner Erkenntnis fortzuschreiten und sein Leben danach einzurichten? — Übrigens kann sich der heutige Mensch keinen Begriff mehr davon machen, welche Rolle der *Carnot*sche Lehrsatz zu unserer Zeit spielte. Er war eben der einzige vollkommene Prozeß, der Maßstab, an dem Alles gemessen wurde ... er war das Glaubensbekenntnis der Thermodynamik, und ihn anzuzweifeln war Gotteslästerung und des Scheiterhaufens würdige Ketzerei. Und nun verfolge man die Litteratur weiter, man wird finden, daß erst die Controverse über den Dieselmotor die Stellung des *Carnot*schen Kreisprocesses erschütterte und Klarheit brachte. Heute ist es leicht darüber zu spotten ...

5. DIE WEITEREN LEBENS- UND SCHAFFENSWEGE DER ERFINDER

5.1. *Der weitere Lebens- und Schaffensweg Nicolaus August Ottos*

Nicolaus August Otto, der mit „schmaler, aber scharfer Intuition“ alle Vorgänge in dem von ihm geschaffenen Viertaktmotor durchdrungen und dessen einseitige Begabung sich ausschließlich darauf konzentriert hatte, war trotz des errungenen überwältigenden Erfolges weiterhin unermüdlich erfinderisch tätig. In einem nicht zu stillenden Drang nach Erkenntnis wandte er sich zuerst der Motorzündung zu, der er seit jeher seine besondere Aufmerksamkeit schenkte. Während er bei seinen ersten Probemotoren hierfür den elektrischen Funken genutzt hatte, der in den Händen unerfahrener Handwerksmeister zu einer Quelle häufiger Betriebsstörungen geworden war, setzte er später die Gasflammzündung ein. Aber auch sie erwies sich als unzulänglich, als man die Verdichtung weiter steigerte, um den Wirkungsgrad zu erhöhen. Dazu kam, daß sie infolge der damit verbundenen Feuer- und Explosionsgefahr für einen mit flüssigem Brennstoff betriebenen Motor nicht in Frage kam.

Und da auch eine von *Werner Siemens* (1816–1892) entwickelte elektrische Funkenzündung nicht befriedigte und es dadurch mit dem in Angriff genommenen Benzinmotor nicht voranging, wandte sich *Otto* erneut der von ihm erfundenen Niederspannungs-Abreißzündung zu, für die noch keine zufriedenstellende praxisreife Lösung gefunden worden war. Dabei kam ihm eine zufällige Beobachtung zu Hilfe. Er sah auf dem Deutzer Übungsplatz Pionieren zu, die durch Drehen an einer Kurbel mit einem elektrischen Induktor Sprengminen zündeten, und entwickelte – dieses Prinzip seinem Fall anpassend – eine magnetelektrische Zündvorrichtung. Diese bestand aus einem kräftigen Hufeisenmagneten, zwischen dessen Polschuhen sich ein Anker drehte, in dessen Spule ein kräftiger Strom induziert wurde, durch den in der Weise, daß ein Kontaktfinger von einem Gegenkontakt abgehoben wurde, im Zylinderkopf der gewünschte Zündfunken entstand. Eine Erfindung, die für die gesamte Motorentechnik von großer Tragweite werden sollte und – da sonderbarerweise nur in England eine Patentanmeldung erfolgte – später von *Robert Bosch* (1861–1942) den Automobil- und Bootsmaschinen angepaßt wurde. Ein mit ihr ausgestatteter Motor wurde auf der Weltausstellung in Antwerpen im Jahre 1885 von der Jury mit der höchsten Auszeichnung, dem Ehrendiplom, bedacht. In diesem Zusammenhang bemerkte ein Bericht:

Der Petroleummotor ist vielleicht berufen, eine große Rolle dort zu spielen, wo kein Gas zur Verfügung steht und man der Wohltat eines Gases beraubt ist...

Der damit für den Betrieb mit flüssigen Brennstoffen reife Viertaktmotor stellt zweifellos die Krönung des Schaffens von *Nicolaus August Otto* dar, der sich ein Vierteljahrhundert vorher aus dem Bestreben heraus, einen von den städtischen Gasanstalten unabhängigen Motor zu schaffen, das Ziel gesetzt hatte, eine Maschine für flüssige Brennstoffe zu bauen, um sie an beliebigen Orten in der kleinen Industrie, im Handwerk und Gewerbe sowie für den Betrieb von Fahrzeugen einsetzen zu können. Angesichts dieser hervorragenden erfinderischen Leistung und der Tatsache, daß die Erträge des Weltgeltung erreichenden Deutzer Unternehmens inzwischen sprunghaft angestiegen waren – lagen doch die Dividenden im Jahre 1876 bei 15% und im Jahre 1882/83 sogar bei 96%–, glaubte der bisher infolge Besitzlosigkeit zurückgedrängte und deshalb verstimmte Erfinder, dem diese Entwicklung vor allem zu verdanken war, *Eugen Langen* erinnern und fordern zu müssen:

Ich bin nicht als Beamter gekommen, kam mit einer ersten Erfindung zu Ihnen und hatte gleiche Berechtigung mit Ihnen. Die Macht der Verhältnisse ließ mich dahin kommen, daß ich später nur mit $^1/_{10}$ beteiligt war. Wenn ich jetzt den Wunsch äußere, wieder so beteiligt zu sein, wie ich dies früher war, so glaube ich, daß Sie nicht das Recht haben zu sagen, es sei Überhebung meinerseits ...

Da einer finanziellen Gleichstellung mit Rücksicht auf das mühsam erhaltene Gleichgewicht in der Direktion nicht zugestimmt wurde, kam es innerhalb dieser zu großen Spannungen, insbesondere zu immer schärfer werdenden Auseinandersetzungen zwischen *Otto* und *Daimler*, so daß sich *Langen* – so sehr er den Schwaben als hervorragenden Fachmann zu schätzen wußte – schließlich 1882 schweren Herzens von ihm trennte, als im *Otto* zu verstehen gegeben hatte, daß er andernfalls den ablaufenden Vertrag nicht erneuern würde. Damit schied – was allgemein bedauert wurde – auch *Wilhelm Maybach*, der „König der Konstrukteure", der dem Motor für Jahrzehnte seine Gestalt gegeben hatte, aus der Gasmotorenfabrik Deutz aus, um mit *Daimler* zusammen in Stuttgart-Cannstatt den Ottomotor zum Schnelläufer zu entwickeln und diesen – woran *Otto* bereits am Beginn aller seiner erfinderischen Bemühungen gedacht hatte – in Kraftfahrzeuge einzubauen, was beiden später weltweiten Ruhm einbringen sollte.

Abgesehen davon, daß *Otto* nach dem Ausscheiden von *Daimler* mit *Langen* finanziell gleichgestellt wurde, erlebte er in der gleichen Zeit unerwartet eine hohe wissenschaftliche Auszeichnung. Als im Jahre 1883 anläßlich des 350jährigen Jubiläums der Universität Würzburg verdiente Männer der Wissenschaft und Technik geehrt werden sollten, dachte Professor *Kohlrausch* auch an *Nicolaus August Otto*, weshalb er sich vorsorglich bei der Gasmotorenfabrik Deutz dahingehend erkundigte, ob diesem nicht schon anderweitig die Ehrendoktorwürde zuerkannt worden wäre. Als dieses Schreiben unbeabsichtigterweise in *Ottos* Hände gelangte, dessen Allgemeinbildung und Interessen nicht umfassender gewesen sein mochten als die seiner Mitarbeiter, erwiderte dieser, daß er noch keinen akademischen Grad besäße und fügte bescheiden hinzu:

Ich habe zwar durch langjährige Studien und Versuche große Erfolge in dem Bau von Gasmotoren erzielt, doch glaube ich, für eine so hohe Auszeichnung gibt es Würdigere...

Bald darauf verlieh ihm die naturwissenschaftliche Fakultät der Universität Würzburg die Würde eines Dr. phil. honoris causa mit der Begründung:

Dem erfindungsreichen und sehr scharfsinnigen Manne *N. A. Otto*, ausgezeichnet durch die Erfindung eines Motors, welcher seinen Namen trägt und eine sehr große Hilfe für den gewerblichen Betrieb ist.

Im gleichen Jahr bezog *Otto* mit Familie am Heumarkt ein infolge seiner gewachsenen Ansprüche und Verpflichtungen im „Stil der mittelalterlichen Renaissance unter Einbeziehung gotischer Anklänge“ erbautes Haus mit roter Sandsteinfassade, die ein Reliefbild *James Watts*, des Erfinders der Dampfmaschine, zierte, als dessen würdiger Nachfahre er sich mit Recht fühlte. Damit war – äußerlich gesehen – der Höhepunkt im Leben jenes Mannes erreicht, der als unbekannter, kleiner Kaufmann ausgezogen war und das sich selbst gestellte Ziel in überwältigender Weise erreicht hatte.
Daß dem so war, wurde *Otto* insbesondere anläßlich des 35-jährigen Jubiläums der Gasmotorenfabrik Deutz im Jahre 1889, bei dem die beiden Gründer, *Eugen Langen* und *Nicolaus August Otto*, voll stolzer Genugtuung auf das Geleistete zurückblicken konnten, deutlich sichtbar. In diesen Tagen schrieb der von den zermürbenden Patentprozessen noch immer innerlich Aufgewühlte in dem Bewußtsein, als schöpferischer Mensch eine ungewöhnliche erfinderische Leistung vollbracht zu haben:

Wie *Lenoir*, dem Erfinder des ersten Motors, der mit Explosion bei atmosphärischer Spannung arbeitet, so bleibt mir der Ruhm, die ersten Kompressionsmotoren gebaut zu haben. Heute sind nach diesem System Maschinen von 100 Pferden in Betrieb. Vielleicht in kurzem von doppelter und zehnfacher Kraft ...

Keiner, der dieser Feier im Gürzenichsaal beiwohnte, mochte an diesem nach so vielen Enttäuschungen versöhnenden Tage, wo *Eugen Langen* als langjähriger Weggefährte dem Erfinder das brüderliche „Du“ anbot, im entferntesten ahnen, daß er den Ausklang eines ebenso arbeits- und erfolgreichen wie aufregungsvollen Lebens einleiten würde. Zu sehr wurde der Blick auf die Frucht des Lebens dieses hochgeachteten Mannes gelenkt, dessen Wirken dazu geführt hatte, daß der von ihm entwickelte und nach ihm benannte Motor in alle Welt ging und fast in allen Ländern arbeitete, als daß auch die „Bitterkeit und Enttäuschung, die Verletzung seiner empfindlichen Natur im rauhen Wind der Geschäfte“ erwähnt worden wäre, die seinen Körper und Geist zusehends geschwächt hatten.
Dennoch ging *Otto*, durch die ihm allseits erwiesene Hochachtung noch einmal beflügelt, von neuem an die Arbeit. Zuerst versuchte er, die Viertaktwirkung seines Motors ohne Anordnung einer

besonderen Steuerwelle zu erzielen und schuf eine als Membransteuerung bezeichnete automatisch arbeitende Vorrichtung. Danach beschäftigte er sich mit einem Motor, in dessen heißgehaltenem Zylinderkopf schwerflüchtiger Brennstoff durch eine Pumpe eingespritzt werden sollte. Damit näherte er sich gedanklich bereits dem Glühkopfmotor, der später von *Herbert Stuart Acroyd* erfunden wurde. Zu einer konstruktiven Durchführung dieser und anderer „Neuerungen am Viertakt-Gasmotor“ kam es jedoch nicht mehr.

Schließlich stellte *Otto* durch Experimente fest, daß der Brennstoff nicht – wie bisher allgemein angenommen wurde – verdampft werden durfte, bevor er in den Zylinder zur Zündung gelangte, da er dann schlecht und mit rußender Flamme verbrannte, sondern vorher nur feinzerstäubt werden mußte, um vollständig zu verbrennen. Hierzu bemerkte der sich noch nach Jahrzehnten an diese Versuche erinnernde *Prosper L'Orange* (1876–1939):

Hierin lag schon der Kern der Erkenntnis, welchen Vorteil das Mischen von flüssigem Brennstoff und Luft mit sich bringt. Er beruht auf dem großen Unterschied der spezifischen Gewichte (= Dichte, *H. L. S.*) beider Materien und auf der Eigenschaft, daß sie beide leicht zerteilbar sind.

Und Professor *Friedrich Sass*, Professor an der Technischen Universität Berlin, bescheinigte dem Erfinder noch Anfang der sechziger Jahre unseres Jahrhunderts:

Mit der Erkenntnis, daß feinzerstäubendes flüssiges Petroleum leichter zündet als Petroldämpfe oder -gas, ist *Otto* seiner Zeit weit vorausgeeilt ...

Diese von *Otto* gemachte Feststellung fand ihren Niederschlag in einer am 5. Februar 1890 in England zum Patent angemeldeten Motorkonstruktion.

In die Zeit dieser erfinderischen Aktivität *Ottos* fiel der Schlußakt des letzten Patentprozesses, an dem der Erfinder trotz seines schlechten Gesundheitszustandes beim Reichsgericht in Leipzig teilnahm und hier erleben mußte, wie auch der letzte bedeutsame Teil des Schutzrechtes, der Patentanspruch auf die Bauweise, fiel. „Ich habe die Sache äußerst ruhig aufgenommen“, schrieb er auf der Heimreise im Wartezimmer eines hervorragenden

Arztes in Gießen, den er wegen seines Herzleidens konsultierte, seiner selbst kränkelnden Frau. Aber daheim wußte man, daß ihn diese Niederlage weit schwerer getroffen hatte, als er eingestand. Man ahnte auch, daß er auf diese Weise nur den Kummer von der ohnehin von Sorgen belasteten Familie fernhalten wollte. Das beunruhigte um so mehr, als zurückliegende Kuren in Marienbad und Baden-Baden sowie eine Reise nach Italien den unaufhaltsamen Fortgang der schleichenden Krankheit nur zu verzögern, jedoch nicht zu beseitigen vermocht hatten.

Bald darauf plante der Erfinder, von seiner Schwester *Wilhelmine* darum ersucht, noch einmal seine Geburtsheimat auf den Höhen des Taunus zu besuchen. Aber den korpulenten, an Atemnot und einer Erkrankung der Leber Leidenden befiel vor der Jahreswende 1890/91 eine heftige Krankheit. Am Abend des 26. Januar 1891 hörte das durch schwere Belastungen der Arbeit und des Kampfes erschöpfte Herz des 59jährigen infolge Lähmung zu schlagen auf.

Als man den Toten, Vater von drei Töchtern und eines Sohnes *Gustav*, der beruflich in seine Fußstapfen trat, einige Tage später auf dem Friedhof Melanten beisetzte, waren die Bekundungen der Anteilnahme an dem Verlust nicht zu zählen. So brachte die Druckmaschinenfabrik *Koenig* & *Bauer*, deren Hunderte von Pressen von Ottomotoren angetrieben wurden, zum Ausdruck, wie schwer es gewesen sei zu sehen, „wie verdienstlose Nachahmer eingriffen in fremdes, geistiges Eigentum“. Dabei konnte jedoch gleichzeitg voller Genugtuung festgestellt werden:

Immerhin ist ihm aber das Glück einer wahrhaft universellen dankenden Anerkennung, wie selten einem Anderen, beschieden, einer Anerkennung, welche dauernd feststehen wird. Sein Name wird in seinen Werken fortleben ...

Und Professor *Adolf Slaby* schrieb in seinem Nachruf in Hinblick auf die Vielzahl des durch die Vorgänger *Ottos* Unternommenen:

Man kann diese achtungsgebietende Reihe von Versuchen und wieder verworfenen Maschinen nicht überblicken, ohne sich von neuem bewußt zu werden, daß das Genie zwar tiefe Abgründe im Fluge überspringt, der dauernde Erfolg aber immer nur auf mühsamen und festgebauten Brücken zu folgen vermag ...

Selbst *Gottlieb Daimler*, der voller Groll die Gasmotorenfabrik Deutz verlassen hatte, gestand der Witwe des Erfinders:

Auch ich habe ihm viel zu danken, die ganze Vergangenheit steigt mir aus der Seele auf, und mein späteres Lebensschicksal ist mit durch ihn bestimmt worden ...

Mit Recht trägt, wie von Professor *Adolf Nägel* als Vorsitzendem des Vereins Deutscher Ingenieure vorgeschlagen wurde, sein Grabstein das ehrende Prädikat „Schöpfer des Verbrennungsmotors“, während in der Kraftmaschinenhalle des Deutschen Museums in München über einer Nachbildung des ersten Ottomotors eine schlichte Tafel ergänzend kündet:

„Sein Motor mit verdichteter Ladung,
erdacht 1861 und geschaffen 1876 in Köln-Deutz,
beendet die Zeit der Vorläufer und begründet
die Motorentechnik der Welt.“

5.2. *Der weitere Lebens- und Schaffensweg Rudolf Diesels*

Im Spätsommer des Jahres 1897 bezog *Rudolf Diesel* mit Frau und seinen drei Kindern in München das Miethaus Schackstraße Nr. 2, um hier auch ein Studienbüro einzurichten und von diesem aus seine weiteren Vorhaben voranzutreiben. Bald hier rechnend und konstruierend, bald in Augsburg laborierend, erlebte er in der Folgezeit mehr Enttäuschungen als Freude. Darüber hinaus war er mit dem sprunghaft angewachsenen Briefverkehr ebenso beschäftigt wie mit jenem Verbundmotor, für den Ingenieur *Johannes Nadrowski* bereits in den Jahren 1894/95 in der Berliner Wohnung die Konstruktionszeichnungen angefertigt hatte.
Mit dieser neuen, damals auch als Compoundmotor bezeichneten Maschine wollte *Diesel* dadurch, daß die „Kompression der Luft sowohl als die Expansion der Verbrennungsgase stufenweise“ erfolgen und auf diese Weise durch eine höhere „Wärmekaskade“ eine wesentlich bessere Wärmeausnutzung erzielt werden sollte, alles bisher Erreichte „übertrumpfen“. Dabei mußte er jedoch schon beim ersten Versuch zu seiner schweren Enttäuschung feststellen, daß die verbrannten Gase beim Überströmen von

dem Hochdruck- in den Niederdruckzylinder einen erschreckend hohen Spannungsabfall erlitten, wodurch ein Brennstoffverbrauch auftrat, der fast doppelt so hoch war wie der von Einzylindermaschinen. Deshalb mußte der Erfinder nach weiteren ähnlich verlaufenden Versuchen sein Vorhaben aufgeben, was er in seinem Ehrgeiz nach soviel erlebtem Triumph insofern als einen entsetzlichen Fehlschlag empfand, als er in dem Verbundmotor den eigentlichen Dieselmotor gesehen hatte. Dafür wurde im Oktober des gleichen Jahres die Überlassung seines Einzylindermotoren-Patentes an den amerikanischen Bierbrauer *Adolphus Busch* zu einem außerordentlichen geschäftlichen Erfolg. Er wurde über Nacht reich.

Trotzdem vermochte *Diesel*, der in dieser Zeit an hochgradiger Nervenschwäche litt, nicht froh zu werden, denn der Einführung der Dieselmotoren in die Praxis standen noch viele unvorhergesehene Schwierigkeiten entgegen, vor allem traten bei den Maschinen in den Händen Unerfahrener manche Zwischenfälle und Betriebsstörungen auf, die – obzwar diese nicht auf das Prinzip des Motors zurückzuführen waren – von den ständig auf der Lauer liegenden Konkurrenten und weniger erfolgreichen Neidern aufgebauscht wurden, um den Verkauf zu hemmen.

In dieser Zeit erprobte der Erfinder aus der Befürchtung heraus, sein Motor könnte trotz seiner erkennbaren Vorteile infolge der hohen Petroleum- und Gaspreise doch nur im beschränkten Umfange Verwendung finden, nunmehr Öle als Brennstoff. Sie waren von ihm ohnehin von vornherein vorgesehen gewesen, jedoch dann zunächst zurückgestellt worden, weil sich diese bei den ersten Versuchen im Juni 1893 als überaus schwer entzündlich erwiesen hatten. Dabei kam es bald zu einem erfolgreichen Betrieb, der „prinzipiell die Brauchbarkeit solcher Öle zweifellos erwies". Damit war der Beweis erbracht, daß der Dieselmotor auch mit billigen, schwer entflammbaren und dadurch weniger feuergefährlichen Treibölen betrieben werden konnte und daß er außerdem 30% weniger Treibstoff benötigte als ein Vergasermotor, was insgesamt eine Ersparnis an Brennstoffkosten von nicht weniger als 75% versprach. Deshalb entschloß sich der Erfinder, nachdem inzwischen im Ausland eine Reihe von Diesel-Gesellschaften gegründet worden waren, in der illusionären Annahme, damit eine die Produktion von Dieselmotoren fördernde Preispolitik einleiten zu können, in Galizien einige Ölfelder zu kaufen.

Als auf der II. Kraft- und Arbeitsmaschinenausstellung in München im Jahre 1898 alle deutschen Betriebe, die Dieselmotoren herstellten, in einer Kollektivschau die Besucher in Bewunderung versetzten, reichten die Kräfte des Erfinders „zu einer richtigen und sachgemäßen Bewältigung der Geschäfte nicht mehr aus". Er bekannte nicht ohne Bitterkeit:

Meine Bestrebungen, derselben Herr zu werden, haben nur zu einer bedeutenden Erschütterung meiner Gesundheit geführt, und trotzdem bin ich immer wieder von meinem einzigen Lebensziel, der technischen Vervollkommnung meiner Motore, und der Durchführung weiterer Versuche, abgehalten worden ...

In dieser Lage entschloß sich der die geistige Umnachtung fürchtende Erfinder nach wiederholt an ihn herangetragenen Vorschlägen, alle seine Arbeiten und noch nicht vergebenen Erfinderrechte an eine zu gründende Allgemeine Gesellschaft für Dieselmotoren AG zu veräußern, um nach seinem möglichen Tod wenigstens die Familie finanziell gesichert zu wissen. Damit sollte zugleich eine Zentrale geschaffen werden, von der aus man den Dieselmotorenbau in der ganzen Welt fördern wollte. Kurz darauf begab sich *Diesel*, die Zeichnungen für den geplanten Bau eines palastartigen Hauses mit sich führend, auf ständiges Drängen der Ärzte in die Heilanstalt Neuwittelsbach bei München. Hier gelang es einem Grundstücksmakler der Heilmann-Immobiliengesellschaft, in das Innere des Sanatoriums einzudringen und den auf diesem Gebiet völlig Unerfahrenen zur Anlegung eines bedeutenden Teiles seines Vermögens in spekulativ hochgetriebene Grundstücke zu überreden.

Da sich der gesundheitliche Zustand *Diesels*, der in erzwungener Untätigkeit ständig an die kaum angelaufene Produktion seiner Motoren denken mußte, bei der der kleinste Fehler die größten Auswirkungen haben konnte, lange Zeit kaum besserte, wurde er Ende Januar 1899 nach Schloß Labers bei Meran gebracht.

Anfang April traf der Erfinder wieder in München ein. Dabei wurde er von einer Welle verheerender Nachrichten überschüttet: Von den ausgelieferten Motoren der bereits Anfang Januar 1898 auf Drängen von Bankhäusern teils gegen seinen Willen in Augsburg gegründeten Spezialfabrik für Dieselmotoren, der Dieselmotoren-Fabrik AG Augsburg, wurde Stück um Stück als unbrauchbar zurückgeschickt, weil sie sich infolge ungenauer Arbeit und des Einsatzes ungeeigneter Werkstoffe bei der Herstellung in der harten Schule der Praxis nicht bewährten. Auch der Maschinenfabrik Augsburg-Nürnberg und der Gasmotorenfabrik Deutz sowie den ausländischen Dieselmotorenfabriken bereiteten bestimmte „Kinderkrankheiten" des Motors keine geringen Sorgen. Entsetzt rief *Diesel* aus:

Es ist furchtbar! Keiner der Motoren geht! Alles um mich bricht zusammen!

Nicht minder groß war die Enttäuschung, die der Erfinder mit der Allgemeinen Gesellschaft für Dieselmotoren erlebte. So richtig sein damit verfolgter Plan war, solange er sich im Krankenstand befunden hatte, so falsch erwies er sich jetzt, als er – der sich durch den Vertrag selbst wichtiger Rechte beraubt hatte – daran gehen wollte, hier richtungsweisend einzugreifen. Er mußte erkennen, daß er in diesem von vielfältigen Bestrebungen getragenen Gebilde, in dem jede der beteiligten Firmen ihre speziellen Geheimnisse zu wahren versuchte, nur noch einen äußerst beschränkten Einfluß auszuüben vermochte. Ja, er wurde von den Vorgängen, die er zum Teil selbst ausgelöst hatte, und hinterhältigen Methoden eigensüchtiger Geschäftsleute mitgerissen, ein erschütternder Vorgang angesichts seiner weiter schwindenden körperlichen und geistigen Spannkraft.
Dennoch ging *Diesel* – wie schon von allem Anfange ins Auge gefaßt – unter Mitarbeit von Ingenieur *Paul Meyer* nun daran, Kohlenstaub als Brennstoff zu erproben, zumal auf dem Ölmarkt eine recht schwierige Lage eingetreten war. Dabei taten sich schier unüberwindlich erscheinende Schwierigkeiten auf, für deren Beseitigung er keine finanzielle Unterstützung fand. Überall war man vielmehr zunächst nur noch darum bemüht, die Produktion der inzwischen verkaufsfähig entwickelten Motoren voranzutreiben, um aus dem investierten Kapital möglichst hohe Gewinne zu erzielen. Jetzt, da die Dividenden ständig reichlicher zu fließen begannen, hatte man für weitsichtige technische Weiterentwicklungen kein Interesse mehr. Dafür brachte die Weltausstellung von Paris von 1900 einen neuen

Triumph: Der Dieselmotor erhielt die höchste Auszeichnung, den Grand prix.
Zur gleichen Zeit war man in der Maschinenfabrik Augsburg-Nürnberg ernsthaft darum bemüht, durch entsprechende konstruktive Veränderungen eine Verbilligung der noch mit beträchtlichen Kosten verbundenen Herstellung des Dieselmotors zu erreichen, um dessen Einführung in die Praxis weiter zu erleichtern. Nachdem es unter Mitwirkung des Konstrukteurs *Hugo Güldner* gelungen war, den Kreuzkopf zu beseitigen und die Luftpumpe zu verkleinern und dadurch zu einer wesentlich billigeren Maschine zu gelangen, kam es zu einer Senkung des Brennstoffverbrauchs auf nur 185 Gramm gegenüber 240 Gramm je Pferdekraftstunde im Jahre 1897 und damit zu einer Wärmeausnutzung von nicht weniger als 34%. Damit lag der Brennstoffverbrauch des Dieselmotors um die Hälfte niedriger als der der übrigen Verbrennungskraftmaschinen, während die Brennstoffkosten sogar auf ein Siebentel der durch Benzinbetrieb verursachten Ausgaben sanken. Der Siegeszug des Dieselmotors nahm seinen Anfang.
Auch der jahrelang dauernde Bau des prächtigen Hauses in der Maria-Theresia-Straße 32 in Bogenhausen, dessen Kosten sich auf nahezu eine Million erhöht hatten, ging zu Ende; im Frühjahr des Jahres 1901 zog die Familie ein. Erst jetzt, da der Motor des weltberühmt gewordenen Erfinders auf allen Kontinenten zu arbeiten begann, wich die ungeheure Spannung, die den Erfinder jahrzehntelang bedrückt hatte. Dafür schmolz, obgleich *Diesel* von der eigensinnigen Überzeugung befangen war, noch außerordentlich reich zu sein, sein Vermögen durch den teuren Hausbau auffallend schnell zusammen. Dazu kam, daß ihn bald ein mit Schlaflosigkeit verbundenes schweres Nervenleiden und die Podagra befielen, so daß er gezwungen war, längere Zeit in einer Heilanstalt in Konstanz zu verbringen.
Danach wiederum viel auf Geschäftsreisen, bei denen seine erstaunliche Weltgewandtheit und äußerste Besonnenheit bewundert wurden, glaubte er, als er 1903 auf einem von einem Dieselmotor angetriebenen französischen Kanalboot fuhr, aussprechen zu können:

Das ist der Anfang eines sehr großen Fortschritts, wovon die Welt in Zukunft viel sprechen wird!

Im gleichen Jahr begann sich *Diesel*, dem die Armut von Kindheit an zum Erlebnis geworden war, mit der „Lösung der sozialen Frage" gedanklich stark zu beschäftigen, indem er volkswirtschaftliche und soziale Werke studierte und Verbindung mit einer Reihe bedeutender Persönlichkeiten aufnahm, darunter mit *Ernst Abbé* und dem Sozialpolitiker *Friedrich Naumann*, da er fest davon überzeugt war, daß die Zukunft „unerhörte soziale Erschütterungen bringen" würde. Aus dieser Zeit berichtete der berühmte Chemiker *Wilhelm Ostwald* (1853–1932), der den Erfinder gebeten hatte, für seine Buchreihe „Förderer der Menschheit" eine Selbstbiographie zu schreiben:

Diesel war lebhaft an sozialen Fragen interessiert, und wir hatten wiederholt Gespräche, die dort ausgingen und mannigfaltige Wege gingen . . .

Diese völlig anders gearteten Bemühungen *Diesels*, der sonst alles auf naturwissenschaftliche Gesetze zurückzuführen suchte, fanden ihren Niederschlag in dem in einer Auflage von 10000 Exemplaren erschienenen Buch „Solidarismus", in dem er aus der Erkenntnis der ungeheueren Fehler des kapitalistischen Systems heraus den Versuch unternahm, unter Ignorierung der immer mächtiger werdenden Arbeiterbewegung und unter Verkennung ihrer historischen Rolle, ein idealistisches Traumbild zu zeichnen. Er, der durchaus richtig erkannt hatte, daß das Leben vor allem durch die Dazwischenschaltung des Kapitals und der Spekulation so teuer war, glaubte allen Ernstes daran, daß ohne Berücksichtigung der sozialen Unterschiede allein durch einmütiges Handeln des ganzen Volkes die Menchen wirtschaftlich erlöst werden könnten:

Dieses Neue, die Gleichsetzung des Eigeninteresses mit dem Gesamtinteresse, nenne ich Solidarismus; ich verstehe aber darunter noch mehr, nämlich die gesamte Organisation, den gesamten sozialen Aufbau und seine materiellen und ethischen Consequenzen und die sozialen Verträge selbst, auf welche dieser soziale Aufbau sich gründet . . .

Dieses Ziel wollte er, der den unversöhnlichen Grundwiderspruch zwischen arm und reich nicht erkannte, durch kleinste Opfer der Bevölkerung auf völlig friedliche Weise und ohne Schädigung irgendwelcher Interessen und durch eine gerechte Verteilung des Nationaleinkommens erreichen.

Aber das nur in wenigen hundert Exemplaren abgesetzte Buch, von dem sich der Erfinder so viel erhofft hatte, brachte zu *Diesels* größter Enttäuschung nicht den gewünschten Erfolg. Es war, wie eine Wiener Besprechung besagte, „eine gedruckte Utopie, ein schöner Traum, den ein Einsamer geträumt“.

Trotzdem meldete sich *Diesel*, von dem sich nach dem Erscheinen des Buches bestimmte Kreise der bürgerlichen Gesellschaft abwandten, am 14. Januar 1904 auf einem Genossenschaftstag der deutschen Konsumvereine in Hamburg zu Wort, um noch einmal „den Ruf und die Sehnsucht nach Eigenbetrieben“ zu erheben, zumal er nach wie vor davon überzeugt war, daß die Hauptleistung seines Lebens darin bestand, daß er den Weg zur „Lösung der sozialen Frage“ gewiesen hatte.

Im Sommer des gleichen Jahres traf der Erfinder mit seiner Frau in Amerika ein, um die Weltausstellung in St. Louis und *Adolphus Busch* zu besuchen. Dabei mußte er erkennen, daß in diesem vom Großkapital beherrschten Land, das gerade dabei war, die industrielle Vormachtstellung in der Welt zu beziehen, mehr als anderswo die Jagd nach dem Profit alles war. Er kam nicht umhin, enttäuscht festzustellen:

> In Amerika ist jeder „frei“, zu tun, was er will. Das wird hauptsächlich dazu benutzt, die „anderen“ in wildester und rücksichtslosester Weise zu unterdrücken, zu genieren, auszubeuten etc. . . . Man ist in Amerika immer in den Händen eines Financiers oder einer Gesellschaft . . . Jeder Mensch ist für den andern ein Ausbeutungsobjekt . . .

Nach seiner Rückkehr im Herbst ging *Diesels* ganzes Streben dahin, Teile seines verlorenen Vermögens wieder zurückzugewinnen; aber er verfügte nicht mehr über seine frühere lebhafte Kraft und Wendigkeit. Dabei ging er, da er auf die weitere Entwicklung seiner Erfindung als ortsfeste und lokomobile Maschine kaum mehr Einfluß hatte, in Zusammenarbeit mit den Gebrüdern *Sulzer* in Winterthur und dem Berliner Oberbaurat *Adolph Klose* daran, innerhalb der Gesellschaft für Thermolokomotiven die erste Diesellokomotive zu entwerfen, die nach dem Ablauf seiner Patente in den Jahren 1907/08 als doppeltwirkender Zweitaktmotor gebaut werden sollte. In dieser Zeit stürmischen Vorwärtsdrängens, da *Diesel* auf Grund seiner überragenden erfinderischen Leistung von der Technischen Hochschule München

der Ehrentitel „Dr.-Ing. e. h." verliehen wurde, beschäftigte sich der Erfinder in seiner Villa gemeinsam mit einigen von ihm eingestellten Ingenieuren mit weiteren, der Zeit weit vorauseilenden Konstruktionen und Plänen. So entstand hier auch, von *Heinrich Dechamps* konstruiert, der erste schnellaufende 5-PS-Klein-Dieselmotor, der auf der Weltausstellung in Brüssel im Jahre 1910 mit dem Grand prix ausgezeichnet wurde, und der erste umsteuerbare vierzylindrige Viertakt-Diesel-Automobilmotor, der allerdings infolge einiger damals noch nicht zu überwindender technischer Schwierigkeiten nur ein Experimentierstück blieb. Außerdem wurden für den Linienschiffverkehr bereits geeignete Sechszylindermaschinen von 1200 PS gebaut.
In dieser Zeit berichtete der Erfinder auf einer unternommenen Geschäftsreise voller Begeisterung seiner Frau:

Du glaubst nicht, welcher Hexentanz jetzt mit diesen Motoren überall los ist! Ich kann hinkommen, wohin ich will, überall zeichnet, baut, konstruirt und verhandelt man über Dieselmotoren ...

Als er im Frühjahr 1910 in Begleitung seiner Frau eine an Eindrücken, Begegnungen und Ehrungen reiche Reise durch Rußland unternahm, wo er, von russischen Ingenieuren gefeiert, in Moskau und Petersburg eine Reihe von Vorträgen hielt, bekannte er:

Ich sehne mich gar nicht nach neuen Geschäften ... Ich habe gezeigt daß ich noch lebe, daß man mit mir rechnen muß, das ist die Hauptsache. Nur noch etwas Geduld und eine Zeit harter Arbeit, dann kommen schöne Tage und Erfolge für unser Alter und eine schöne Zukunft für unsere Kinder ...

Auf der Weltausstellung in Turin im Jahre 1911, bei der *Diesel* der Jury angehörte, wurde der Dieselmotor „das historische Denkmal der Ausstellung" und dessen Schöpfer als ein „Fürst des Geistes" mit Orden ausgezeichnet.
Anfang des Jahres 1912 – in dieser Zeit befaßten sich bereits mehr als hundert Maschinenfabriken der ganzen Welt mit dem Bau von Dieselmotoren – erregte das erste große Ozeanmotorschiff der Welt, die dänische „Selandia", nicht nur weltweites Aufsehen, sondern erbrachte gleichzeitig den Beweis dafür, „daß das Dieselmotorschiff zur Befahrung der sieben Weltmeere geeignet ist".

Im März des gleichen Jahres reiste der Erfinder mit Frau auf eine Einladung hin erneut nach St. Louis, wo man gerade mit dem Bau einer neuen Dieselmotorenfabrik beginnen wollte. Auf dem damit verbundenen Triumphzug durch die Vereinigten Staaten wurde er, dessen Ölmotor überall dabei war, die Dampfmaschine zu verdrängen, gefeiert und mit Ehrungen überschüttet. Nachdem er in der Society of Mechanical Engineers in New York, die ihn zu ihrem Ehrenmitglied ernannte, einen mit großem Beifall aufgenommenen Vortrag über die Entstehungsgeschichte seines Motors gehalten hatte, den er in einer Reihe von Städten wiederholen mußte, besuchte er, von Professoren und Studenten umjubelt, die Universitätsstadt Ithaka. Danach saß er in der Orange City dem großen amerikanischen Erfinder *Thomas A. Edinson* gegenüber, der kurz vorher erklärt hatte, „daß die Ausbreitung und Verbesserung des Dieselmotors während des Jahres 1911 eine der größten Taten der Menschheit in diesem Jahre gewesen“ seien.
Völlig im Gegensatz zu diesem triumphal gewachsenen Weltruhm stand der besorgniserregende Gesundheitszustand des unter einem Übermaß an seelischer und geistiger Beanspruchung stehenden Erfinders, für den jetzt die Widersprüche zwischen der englischen und französischen Bourgeoisie und dem nach Neuaufteilung der Welt strebenden imperialistischen Deutschland erkennbarer geworden waren. Sein Zustand wurde noch dadurch verschlimmert, daß die Dieselmotorenfabrik in Augsburg zusammengebrochen war, wodurch er, weil er einen Teil Aktien aufgekauft hatte, um die Aktionäre vor Schaden zu bewahren, einen beträchtlichen persönlichen Verlust erlitt und seine Werte bei der Allgemeinen Gesellschaft für Dieselmotoren nicht greifbar waren. Dazu kam, daß auch das Geld, das er in galizische Ölfelder gesteckt hatte, um für seine Motoren billigeres Öl bereitzustellen, durch unglückliche Umstände verlorenging. Außerdem wurde er durch einen Mann, den er aus Mitleid vor dem finanziellen Zusammenbruch gerettet hatte, auf gewissenlose Weise verraten, wodurch er einer weiteren beträchtlichen Summe verlustig ging. Und schließlich verlor der in den Strudel kapitalistischer Spekulation geratene Erfinder, der nicht fähig war, den drohenden Verlust rechtzeitig zu erkennen und daraus die angemessenen Schlußfolgerungen zu ziehen, den von ihm angestrengten Prozeß

gegen jenen betrügerischen Grundstücksmakler, der ihn als Kranken mit den im Werte längst gefallenen Grundstücken in eine Falle gelockt hatte, womit weitere Kosten verbunden waren. So kündigte sich – wovon die übrigen Angehörigen der Familie keine Ahnung hatten – mit einem Male auf bestürzende Weise der finanzielle Zusammenbruch an. Wie sehr den Erfinder, der nun sogar auf sein Haus eine hohe Hypothek aufnehmen mußte, dieser Verfall des Vermögens seelisch belastete, geht aus einem Bericht seines Geschäftsfreundes *Jonas Hesselmann* aus Stockholm hervor, der seinen Zustand mit den Worten charakterisierte:

Ich stand vor einem abgemagerten, ein wenig mitgenommenen Mann, und die frühere etwas überlegene Sicherheit war jetzt fort ...

Und *Adolphus Busch* glaubte feststellen zu können:

Mit meinem Freunde *Diesel* stimmt es nicht; er ist so bedrückt, nicht mehr der alte!

Im Juni des Jahres 1913 erlebte der Erfinder, der in seltener Selbstbeherrschung niemanden – auch seine Frau nicht – an seinen Sorgen teilnehmen ließ, weil dies seinem eigenwilligen Stolz widersprach, noch einmal eine große Freude: Mehrere hundert amerikanische Ingenieure, die gerade Deutschland besuchten, überbrachten ihm die Einladung, anläßlich der Weltausstellung in San Franzisko im Jahre 1915 auf dem nun von einem Dieselmotor angetriebenen Polarschiff „Fram" den Panamakanal zu durchfahren, um auf diese Weise „das mit Macht heraufziehende Zeitalter der Motorschiffahrt" zu symbolisieren. Aber es sollte nicht mehr dazu kommen. Am 29. September bestieg *Rudolph Diesel* in Antwerpen das Schiff „Dresden" der englischen Great Eastern Railway Company, um an der Einweihung einer neuen großen Dieselmotorenfabrik in Ipswich teilzunehmen und einer Einladung des Royal Automobil-Clubs in London zu folgen. Bei dieser Überfahrt entschloß sich der Erfinder, der zeit seines Lebens weder zur wachsenden Kraft des um sein Recht kämpfenden arbeitenden Volkes gefunden hatte, noch den unablässigen Angriffen seiner geheimen und offenen Gegner aus dem Lager der Bourgeoisie auf die Dauer gewachsen war, angesichts der schon in wenigen Tagen zu erwartenden finanziellen Katastrophe und der dadurch allgemein bekanntwerdenden „Verarmung" durch einen Sprung von Deck des Schiffes in das Meer freiwillig aus dem Leben zu scheiden. Er hinterließ – der älteste Sohn sowie die Tochter waren bereits unabhängig – eine Frau, für die die eingetretene Tragödie völlig überraschend gekommen war und die nun in sehr eingeschränkten Verhältnissen leben mußte, während der Sohn *Eugen*, der später als Philosoph zu einem namhaften Biographen seines Vaters werden sollte, von *Emanuel Nobel*, dem Neffen des Dynamiterfinders, mit dem *Rudolf Diesel* jahrzehntelang in enger Beziehung stand, bis zum Abschluß seines Studiums finanziell unterstützt wurde.

ZEITTAFEL

1654 *Otto von Guericke* stellt bei seinen berühmten Magdeburger Versuchen fest, daß der Überdruck der Atmosphäre gegenüber dem luftleeren Raum Arbeit zu leisten vermag.

1673 Der holländische Physiker *Christiaan Huygens* nutzt die Explosion von Pulver für die Erzeugung eines luftleeren Raumes und damit von motorischer Kraft. Darauf fußende Bemühungen von *Abbé Jean Hautefeuille* zum Betrieb von Pumpen bleiben erfolglos.

1688 *Denis Papin* baut in Kassel eine Dampfmaschine und leitet damit das Zeitalter der Dampfmaschinentechnik ein.

1711 *Thomas Newcomen* baut in England atmosphärische Dampfmaschinen.

1766 *James Watt* vollzieht durch die Anordnung des vom Dampfzylinder getrennten Kondensators den Übergang von der unwirtschaftlichen atmosphärischen Maschine zur entwicklungsfähigen Dampfmaschine.

1794 *Robert Street* erhält auf einen Motor, der mit Terpentin oder Teeröl betrieben wird, ein englisches Patent, das praktisch jedoch keine Verwirklichung erfährt.

1801 Der französische Chemiker *Philippe Lebon d'Humbersin* schlägt die Verwendung von Leuchtgas zum Betrieb von Verbrennungsmotoren vor.

1807 *Isaac de Rivaz* im Schweizer Kanton Wallis empfiehlt motorische Kraft für den Antrieb von Straßenfahrzeugen.

1826 *Erskine Haward* wird in England ein Patent auf die Erzeugung explosiver Mischungen und ihrer motorischen Anwendung erteilt.

1832 10. Juni, *Nicolaus August Otto* in Holzhausen/Taunus geboren.

1833 9. Oktober, *Eugen Langen* in Köln geboren.

1834 17. März, *Gottlieb Daimler* in Schorndorf/Württemberg geboren.

1838 *William Barnett* versucht in England den Bau von Gasmotoren, hat jedoch keinen Erfolg.

1840 Gründung der Maschinenfabrik Augsburg.

1844 25. November, *Karl Benz* in Karlsruhe geboren.

1846 9. Februar, *Wilhelm Maybach* in Löwenstein bei Heilbronn geboren.
Der deutsche Mechaniker *Heinrich Daniel Ruhmkorff* baut in Paris einen Funkeninduktor, der zur Grundlage der Batteriezündung wird.

1856 Der italienische Geistliche *Eugenio Barsanti* und *Felice Matteucci* versuchen in Florenz den Bau atmosphärischer Motoren.

1858 18. März, *Rudolf Diesel* als Sohn eines deutschen Handwerkers in Paris geboren.

Pierre Hugon wird ein verdichtungsloser Gasmotor patentiert.

1860 *Jean Joseph Etienne Lenoir* in Paris erhält auf einen verdichtungslosen Gasmotor ein Patent.

1861 29. September, *Robert Bosch* in Albeck bei Ulm geboren.

1862 Der französische Eisenbahningenieur *Alphonse Beau de Rochas* beschreibt in einer jahrzehntelang unbekannt gebliebenen Veröffentlichung das Viertaktverfahren.

1863 *N. A. Otto* baut atmosphärische Motoren, die bereits verwendbar sind.

1864 *Eugen Langen* und *Nicolaus August Otto* gründen in Köln die Aktiengesellschaft „*N. A. Otto* & Cie.", die als erste dieser Art ausschließlich Verbrennungsmotoren baut.

Der Mecklenburger *Siegfried Marcus* baut in Wien einen atmosphärischen Motor und versucht damit einen Kraftwagen anzutreiben.

1867 Der Atmosphärische Gasmotor von *Otto* und *Langen* erweist sich auf der Pariser Weltausstellung als der wirtschaftlichste Verbrennungsmotor.

Werner Siemens entdeckte das dynamo-elektrische Prinzip.

1876/77 Mit *N. A. Ottos* durch das Patent DRP 532 geschütztem Viertaktmotor beginnt die moderne Motorentechnik.

1878 *N. A. Otto* entwickelt auf der Grundlage des Siemens-Doppel-T-Ankers eine magnetelektrische Zündung.

1882 *Gottlieb Daimler* und *Wilhelm Maybach* beginnen in Cannstatt bei Stuttgart mit dem Bau schnellaufender Benzinmotoren zum Antrieb von Fahrzeugen aller Art.

1886 30. Januar, durch Urteil des Reichsgerichts in Leipzig werden die wesentlichen Ansprüche der *Otto*-Patente für nichtig erklärt, ohne daß damit die Priorität *Ottos* an der Verwirklichung des Viertaktmotors bestritten werden konnte.

Karl Benz in Mannheim und *Gottlieb Daimler* in Cannstatt erproben Kraftfahrzeuge auf der Straße.

1887 *Robert Bosch* beginnt in Stuttgart mit dem Bau von Magnetzündern nach dem Vorbild der Gasmotorenfabrik Deutz.

1891 26. Januar, *Nicolaus August Otto* in Köln gestorben.

1893 *Rudolf Diesel* erhält auf seinen „rationellen Wärmemotor" das Patent DRP 67207.

Die Maschinenfabrik Augsburg und Friedrich Krupp in Essen schließen sich zwecks dessen Auswertung zu einem Konsortium zusammen.

1895 2. Oktober, *Eugen Langen* in Köln gestorben.

1897 16. Februar, der in der Maschinenfabrik Augsburg gebaute Dieselmotor erweist sich als beste Wärmekr ftmaschine der Welt.

1898 Die Maschinenfabrik Augsburg vereinigt sich mit der Maschinenbaugesellschaft Nürnberg zur Maschinenfabrik Augsburg-Nürnberg (MAN).

1900 6. März, *Gottlieb Daimler* in Cannstatt gestorben.

1901 *Wilhelm Maybach* baut den ersten Mercedes-Wagen, womit ein neuer Abschnitt im Kraftwagenbau eingeleitet wird.

1902 *Gottlob Honold* entwickelt die Hochspannungs-Magnetzündung.

1903 17. Dezember, *Orville* und *Wilbur Wright* führen in Kitty Haws/USA den ersten Flug mit einem motorgetriebenen Flugzeug aus.

1909 Der Mannheimer Versuchsingenieur *Prosper L'Orange* meldet ein Patent auf die Vorkammereinspritzung an, die für die Entwicklung der schnellaufenden Dieselmotoren grundlegend wurde.

1911 Die Gasmotorenfabrik Deutz bringt den ersten kompressorlosen Dieselmotor mit direkter Einspritzung heraus, der ein neues Kapitel in der Entwicklung der Verbrennungsmotoren einleitet.

1912 Das erste Ozean-Motorschiff wird von einem Dieselmotor angetrieben.

1913 29. September, *Rudolf Diesel* gestorben.

1923 Einführung des Dieselmotors im Lastwagen- und ab 1926 auch im Personenwagenbau.

1926 Mit der von *Robert Bosch* entwickelten Hochdruck-Einspritzpumpe für Dieselmotoren setzt die Weltmotorisierung ein.

1929 29. Dezember, *Wilhelm Maybach* in Cannstatt gestorben.

1942 12. März, *Robert Bosch* in Stuttgart gestorben.

SCHRIFTTUM

1. Die Werke Rudolf Diesels

[1] Theorie und Konstruktion eines rationellen Wärmemotors. Berlin 1893.
[2] Solidarismus. Berlin 1903.
[3] Die Entstehung des Dieselmotors. Berlin 1913.

2. Biographische Arbeiten und Quellen über Nicolaus August Otto

[4] *F. M. Feldhaus*: Nicolaus August Otto. In: Allgemeine Deutsche Biographie, Leipzig, Bd. 52, S. 734–735.
[5] *E. Flatz*: N. A. Otto. Rede auf der Gedenktagung „75 Jahre Otto-Motor“. Köln 1951.
[6] *A. Langen*: Nicolaus August Otto. Der Schöpfer des Verbrennungsmotors. Stuttgart 1949.
[7] *M. Hofmann*: Die Ahnen des Erfinders des Viertaktmotors, Nik. August Otto. Neustadt/Aisch 1952.
[8] *Riesel*: Nikolaus August Otto. Technische Gemeinschaft, Berlin, Nr. 2/1956, S. 50–51.
[9] Nikolaus August Otto. Wissen und Leben, Leipzig/Jena, Nr. 12/1957, S. 939–942.
[10] *G. Goldbeck*: Nikolaus August Otto. In: Vom Motor zum Auto, Stuttgart 1957, S. 45–94.
[11] *W. Treue*: Eugen Langen und Nicolaus August Otto. Zum Verhältnis von Unternehmer und Erfinder, Ingenieur und Kaufmann. München 1963.
[12] *G. Goldbeck*: Gebändigte Kraft. Die Geschichte der Erfindung des Ottomotors. München 1965.
[13] *P. Kirchberg*: Nikolaus August Otto (1832–1891). In: Deutsche Forscher aus 6 Jahrhunderten, Leipzig 1965, S. 243–248.
[14] *H. L. Sittauer*: Gebändigte Explosionen. Nicolaus August Otto und sein Motor. Berlin 1972.

3. Biographische Arbeiten und Quellen über Rudolf Diesel

[15] *P. Meyer*: Beiträge zur Geschichte des Dieselmotors. Berlin 1913.
[16] *J. Lueders*: Der Dieselmythos. Berlin 1913.
[17] *R. Schöttler*: Die Entwicklung der Dieselmaschine. Halle 1925.
[18] *F. Pachtner*: Patent 67207. Rudolf Diesel und das Werk seines Lebens. Berlin 1943.

[19] *E. Diesel*: Jahrhundertwende, Gesehen im Schicksal meines Vaters. Stuttgart 1949.
[20] *W. Kraus*: Rudolf Diesel, ein Leben für den Motor. Nürnberg 1949.
[21] *E. Diesel*: Diesel. Der Mensch, das Werk, das Schicksal. Stuttgart 1953.
[22] *G. Strössner*: Rudolf-Diesel-Gedenktafel. Augsburg 1953.
[23] *E. Diesel*: Rudolf Diesel – sein Leben, sein Schicksal. Stuttgart 1953.
[24] *K. H. Geisthardt*: Vom Kompressionsfeuerzeug zum Dieselmotor. Junge Techniker, Berlin, Bd. 4, S. 166–171.
[25] *W. Ostwald*: Rudolf Diesel und die motorische Verbrennung. Oldenburg 1956.
[26] *E. Diesel*: Rudolf Christian Karl Diesel. In: Neue deutsche Biographie, Bd. 3, S. 660–662.
[27] *E. Diesel*: Rudolf Diesel. In: Die großen Deutschen, Bd. IV, 1957.
[28] *E. Diesel*: Rudolf Diesel. In: Vom Motor zum Auto, Stuttgart 1957, S. 205–256.
[29] *G. Anders*: Rudolf Diesel (1858–1913). Zum 100. Geburtstag. Urania, Leipzig-Jena, Nr. 3/1958, S. 115–117.
[30] *K. Hecht*: Rudolf Diesel – Größe und Tragik eines deutschen Erfinders. Fachschule, Berlin, Nr. 3/1958, S. 96–99.
[31] *H. List*: Zum 100. Geburtstag Rudolf Diesels. Motortechnische Zeitschrift, Stuttgart, Nr. 3/1958, S. 67–86.
[32] *J. Reichelt*: Rudolf Diesel. Ein Beitrag zum Gedenken anläßlich des 100. Geburtstages. Schiffbautechnik, Berlin Nr. 3/1958, S. 109–114.
[33] *K. Schnauffer*: Die Erfindung Rudolf Diesels – Triumph einer Theorie. VDI-Zeitschrift, Düsseldorf, Bd. 100, 1958, S. 308.
[34] *Schnitzlein*; *Löser*: Zum 100. Geburtstag von Rudolf Diesel. Technische Gemeinschaft, Berlin, Nr. 3/1958, S. 120–122.
[35] *H. L. Sittauer*: Diesel – eine Erfindung erobert sich die Welt. Berlin 1961.
[36] *P. Kirchberg*: Rudolf Diesel (1858–1913). In: Deutsche Forscher aus 6 Jahrhunderten, Leipzig 1963, S. 349–353.
[37] *A. O. Lusser*: Der Erfinder des Dieselmotors. Zum 50. Todestag von Ing. Rudolf Diesel. Littaiu 1963.
[38] *W. E. Marti*: Ingenieur Rudolf Diesel. Schweizerisches Jugendwerk, Zürich, Nr. 954/1966/67.

4. Allgemeine Literatur über Verbrennungsmotoren

[39] *C. Matschoss*: Geschichte der Gasmotorenfabrik Deutz. Berlin 1921.
[40] *J. Magg*: Dieselmaschinen. Berlin 1928.
[41] *Kurzel-Rundscherer*: Der Dieselmotor. Wien 1942.
[42] *E. Diesel*: Die erste Zündung. Wie der Dieselmotor entstand. Hamburg 1943.

[43] *E. Diesel*; *G. Strössner*: Kampf um eine Maschine. Berlin-Bielefeld-München 1950.
[44] Autorenkollektiv: Verbrennungsmotoren. Berlin 1953.
[45] *F. Richter*: Kraftfahrzeuge gestern und heute. Leipzig 1955.
[46] *E. Diesel*: Die Geschichte des Diesel-Personenwagens. Stuttgart 1955.
[47] *G. Goldbeck*: Achtzig Jahre Verbrennungsmotor. Maschinenbau und Wärmewirtschaft, Wien, Nr. 4/1957, S. 103–107.
[48] *G. Strössner*: Zur Frühentwicklung des Fahrzeug-Dieselmotors. Ein historischer Überblick zum Gedenken des 100. Geburtstages Diesels. Automobiltechnische Zeitschrift, Stuttgart, Nr. 3/1958, S. 61–68.
[49] *H. Rost*: Dieselmotoren der Deutschen Demokratischen Republik. Technik, Berlin, Nr. 3/1959.
[50] *G. Goldbeck*: Entwicklungsstufen des Verbrennungsmotors. Motortechnische Zeitschrift, Stuttgart, Nr. 2/1962, S. 76–80.
[51] *G. Goldbeck*: Wie der Verbrennungsmotor entstand. In: Forum der Technik Bd. I, Zürich 1962, S. 51–73.
[52] *F. Sass*: Geschichte des deutschen Verbrennungsmotorenbaues. Von 1860–1918. Berlin-Göttingen-Heidelberg 1962.
[53] *A. A. Sworykin*: Geschichte der Technik. Deutsche Ausgabe. Leipzig 1964.
[54] Autorenkollektiv: Technisches Handbuch Dieselmotoren. Berlin 1967.
[55] *G. Goldbeck*: Christian Reithmann. Uhrmacher und Motorenerfinder. Technikgeschichte in Einzeldarstellungen Nr. 1, Düsseldorf 1967.

Biographien von Technikern in dieser Reihe:

Band	Autor und Titel	Preis	Bestell-Nr.
11	Kauffeldt: O. v. Guericke	5,60	665 663 8
21	Astaschenkow: S. P. Koroljow	10,00	665 778 8
23	Schreier/Schreier: T. A. Edison	6,00	665 776 1
25	Wächtler/Mühlfriedel/Michel:		
	R. Rammler	5,00	665 775 3
31	Kaiser: J. A. Segner	4,50	665 840 6
32	Sittauer: N. A. Otto und	6,40	665 883 6
	R. Diesel		
37	Kästner: J. Gutenberg	3,50	665 866 8
43	Kosmodemjanski:		
	K. E. Ziolkowski	10,50	665 930 2
51	Richter-Meinhold:		
	H. Bessemer und S. G. Thomas	4,80	666 039 7
52	Kirchberg/Wächtler:		
	C. Benz, G. Daimler,	6,80	666 042 6
	W. Maybach:		
53	Sittauer: J. Watt	6,80	666 038 9
59	Sittauer: F. G. Keller	6,80	666 092 8
63	Kant: A. Nobel	6,80	666 152 5
68	Beckert: J. Beckmann	6,80	666 151 7
81	Waßermann: O. Lilienthal	4,80	666 268 3
86	Bélafi: F. Graf von Zeppelin	6,80	666 287 8